太行山区植被时空变化格局研究

梁红柱　刘金铜　郭　睿　等　著

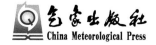

气象出版社

China Meteorological Press

内容简介

太行山区是我国生物多样性保护的优先区域之一,其复杂的地形地貌和小气候孕育了丰富的生物多样性。由于长期的过度开发,特别是随着我国经济的飞速发展,太行山区自然植被破坏严重,加之全球气候变化的影响,太行山区植被的空间分布发生了巨大变化。本书针对上述背景,从时间和空间尺度上,系统地研究了太行山区植被的分布特征、影响因素及变化趋势。

本书可供从事生物地理学、群落生态学、植物资源学和保护生物学的研究人员,以及高等院校和科研院所相关专业的师生及科研人员参考。

图书在版编目(CIP)数据

太行山区植被时空变化格局研究 / 梁红柱等著. --
北京 : 气象出版社, 2023.7
ISBN 978-7-5029-8005-4

Ⅰ. ①太… Ⅱ. ①梁… Ⅲ. ①太行山-植被-研究
Ⅳ. ①Q948.15

中国国家版本馆CIP数据核字(2023)第134799号

太行山区植被时空变化格局研究
Taihangshanqu Zhibei Shikong Bianhua Geju Yanjiu

出版发行:气象出版社

地　　址:北京市海淀区中关村南大街 46 号　　　　**邮政编码**:100081

电　　话:010-68407112(总编室)　010-68408042(发行部)

网　　址:http://www.qxcbs.com　　**E-mail**: qxcbs@cma.gov.cn

责任编辑:张 媛　　　　　　　　　　　　　　**终　　审**:张 斌

责任校对:张硕杰　　　　　　　　　　　　　　**责任技编**:赵相宁

封面设计:地大彩印设计中心

印　　刷:北京建宏印刷有限公司

开　　本:710 mm×1000 mm　1/16　　　　　　**印　　张**:8

字　　数:165 千字

版　　次:2023 年 7 月第 1 版　　　　　　　　　**印　　次**:2023 年 7 月第 1 次印刷

定　　价:70.00 元

本书如存在文字不清、漏印以及缺页、倒页、脱页等,请与本社发行部联系调换。

《太行山区植被时空变化格局研究》
编　委　会

主　　　任: 梁红柱　刘金铜　郭　睿

副 主 任: 李艳晨　付同刚　高　会　曹建生

　　　　　　　李红军　康小迪

编写人员:

韩立朴　李晓荣　齐　菲　王　丰　张　美　倪世存

高惠君　蒋莞艳　魏　静　高　玥　李彦鑫　赵　亮

李东哲　谭莉梅　刘慧涛　陈天明　付宇航　赵建成

陈　倩　张　涛　张兆长　何佳林　郭　姗　孙闪闪

张晶旭　林一芃　安雪景　刘　玉　周一鸣　朱建佳

参编单位:

中国科学院遗传与发育生物学研究所农业资源研究中心

河北师范大学

河北省地质矿产勘查开发局国土资源勘查中心

河北科技师范学院

前　　言

　　太行山隆起于中生代燕山运动时期,又经过新生代喜马拉雅运动改造,形成了以山地为主,兼具黄土丘陵、山间盆地等分布的综合山地地貌。总体上,太行山区地形复杂,海拔高度差异较大,是一个南北狭长,山地、丘陵、盆地相间分布的复合山地地貌类型。太行山区南北气候差异显著,造成了其土壤、植被的分布及发展条件趋于复杂化。区域内山峦起伏,沟壑纵横,主要河流包括海河支流桑干河、唐河、滹沱河、漳河和黄河支流沁河、丹河等。因此,太行山区是京津冀地区和华北平原的水源地,对水源涵养和供应起着重要作用。

　　从地理位置上看,太行山区位于山西省、河北省、河南省和北京市 4 省(市)的交界地带,南起黄河,北至桑干河,西接晋中、晋南盆地,东临华北平原。全区包括恒山、五台山、小五台山、太岳山、中条山、百花山等。太行山区自东由华北平原而起,向西海拔高度急剧上升,其主要山峰海拔高度均在 2000 m 以上,最高峰位于山西省五台山,海拔高度为 3058 m。太行山西部地势较为缓和,多为黄土丘陵,海拔高度为 1100~1400 m;其中的河谷盆地海拔高度较低,多低于 1000 m。

　　从气候类型来看,太行山区东南受太平洋暖湿气流影响,气温高,降水量较大,形成了太行山南部地区的暖温带半湿润气候区;而西北部则受西北干冷气流影响,大陆性气候显著,形成了太行山北部地区的温带半干旱气候区。太行山区的降水主要集中在每年的 7—9 月,降水量达全年的 60%~70%,易引起严重的水土流失。由于山体高差较大,气候条件除了在水平尺度上的差异外,其垂直梯度上的变化也极为明显,造成了立地条件的垂直分异,使植被和土壤的垂直带谱明显。因此,海拔成为太行山区立地分类的主要因子之一。

　　由于气候条件的差异,太行山区的植被由南至北也有很大差异。整个山区主要为暖温带落叶阔叶林地带,北端山地则为温带草原亚地带。但是由于地形起伏大,在海拔较高的山地,植被则呈现为寒温带森林类型。如在五台山高于 2000 m 地带,植被主要有白杆、华北落叶松等寒温性针叶林,2400 m 以上地带则主要为亚高山草甸或灌草丛。太行山区南北狭长,纬度上跨越约 6°,加之山区对东部太平洋暖湿气流的阻隔,使本区域自然条件变化多样,地域分异和垂直变化都较为明显。总体而言,太行山区是我国北方典型的干旱瘠薄山地,石质山地为主,西接黄土高原,沉积较厚的黄土形成土石山地貌,降水较少,土壤贫瘠,植被较为稀少。随着国家多项“生态建设工程”的开展,如三北(东北、华北、西北)防护林工程(1979—2050 年)、太行山绿化工程(1986—2050 年)、天然林保护工程(1998—2050 年)、退耕还林还草工程(1999—2020 年)、京津风沙源治理工程(2001—2022 年)等,加之人们环境保护意识的加强,对自然植被的破坏大大减弱,太行山区植被有了一定的恢复趋势。这对山区的水土保持、水源涵养、生态环境改善、保障京津冀和华北平原安全具有重要的战略意义。

我国华北地区由于长时间的过度开发和利用,特别是随着我国经济的飞速发展,自然植物植被遭到严重破坏,主要表现在:天然林急剧减少、草地退化、湿地植被萎缩等。植物群落的退化或消失是我国生态环境质量持续恶化、生物多样性严重丧失的最根本原因。华北地区植物群落类型多样,但长期以来受到人类活动的强烈影响,在中国具有代表性。太行山区是我国京津冀经济圈的生态防护带,同时也是华北平原农业发展的水源涵养地,作为我国第二、第三阶梯的分界线,地理位置战略意义极为重要。然而,太行山区长期受到人类过度开发及利用,加之气候变化的影响,太行山区的植被及生态环境受到了严重破坏,其植被的时空分布格局、物种多样性的空间分布均发生了巨大变化。特别是在垂直梯度上,植被物种多样性受人类活动干扰程度、植被分布格局发生了怎样的变化,以及未来物种分布格局和分布区域将会发生什么样的变化,都是有待于深入研究的科学问题。

本书是作者多年来对太行山区植被空间分布实地调查和系统研究的最新总结。通过实地考察、标本采集等,获取太行山区植物群落物种的空间分布数据;运用植物分类学、植物生态学、数量分类学、生物地理学、生物统计学等学科理论,探讨了植物群落在垂直梯度和水平梯度的分布特征及影响因素;基于太行山区 2000—2016 年的归一化植被指数(NDVI)空间分布,分析了植被的变化特征,以及影响植被指数时空变化的主导因子。此外,还基于群落调查和数量分类结果,筛选出山区植物群落的优势物种,运用物种分布模型,模拟了优势植物在太行山区的分布现状,并结合未来气候情景,预测了不同植物群落的分布及其变化趋势。本书的系列研究结果,可为山地生态环境和生物多样性保护、生态系统可持续发展以及保护政策的制定提供理论依据。

本书得到了国家重点基础研究发展计划(973 计划)课题"太行山地水土耦合格局变化及其生态效应"(2015CB452705)和国家自然科学基金重点项目"典型山区过渡性地理空间人文自然复合演化过程及其模拟研究"(41930651)的资助。在样地调查和资料收集的过程中,得到了中国科学院地理科学与资源研究所、小五台山国家级自然保护区、驼梁国家级自然保护区(平山)等单位的领导、专业技术人员的大力支持与帮助,在此深表谢意!四川师范大学邓伟教授,中国科学院地理科学与资源研究所的石培礼研究员、戴尔阜研究员等专家给予了热情鼓励,并提出了宝贵意见,河北师范大学系统与进化植物学实验室的研究生同学对本书的编制和前期数据收集等工作给予了诸多帮助,在此一并表示衷心感谢。

由于野外调查难以覆盖全面,数据资料不够完善,编写时间紧迫,加之作者水平有限,书中疏漏和不妥之处在所难免,敬希读者批评指正,以臻完善。

作者
2022 年 10 月

目　　录

第1章 山地植被分布研究现状

1.1 研究背景和意义

1.1.1 研究背景

物种多样性的空间异质性是自然界的显著特征之一,了解其决定因素,将影响到人类所主要关切的众多应用问题。比如生物多样性在生态系统进程中的作用、外来入侵物种的扩散、全球环境变化对维持生物多样性的可能影响等(Gaston,2005)。一个区域物种的数量,取决于该地区物种的出生、死亡、迁移等,而这些变化是由该地的生物和非生物因素共同影响决定的。任何一个物种的丰富度模式,都可能随空间尺度而发生变化,对生物多样性不同尺度分布格局的研究,需要从遗传学到生态学各个学科领域的知识来了解。

植被在地球上的分布呈现明显的地带性变化,主要表现为水平地带性和垂直地带性(刘华训,1981)。全球范围内,山地的面积仅占陆地的24%,却提供了陆地70%以上的淡水资源、绝大部分资源和能源,以及生态系统服务功能,对人类社会的生存与发展起到了重要作用。正是由于山地的绝对高度和相对高度差,而且反映和浓缩了水平自然带的自然地理和生态学特征,加之其高度异质化的生态环境,相对较低的人类干扰,从而成为陆地大量生物物种的栖息地、避难所和植物区系繁衍的摇篮,是地球上生物多样性最为丰富的陆地单元和全球生物多样性保护的重点区域(Huber et al.,2005;孙然好 等,2009;王根绪 等,2017)。

山地通常是指具有一定海拔、相对高度和坡度的地面(刘华训,1981),在山地的几个维度中,海拔则包含了多重环境因素的梯度效应(唐志尧 等,2004a)。山地对气候变化的响应极为敏感,其敏感程度仅次于极地,而高山带对气候变化的响应更是接近北极地区(Huber et al.,2005)。受全球气候变化的影响,山地环境变化的生态效益、环境效应、资源效应和经济社会发展效应持续增强,山地环境的未来变化趋势,必然会对区域乃至全球生态与环境安全和水资源持续利用产生广泛而深刻的影响。自2000年起,由国际地圈生物圈计划(International Geosphere-Biosphere Programme,IGBP)、国际全球环境变化人文因素计划(International Human Dimensions Programme on Global Environmental Change,IHDP)和全球陆地观测系统(Global Terrestrial Observing System,GTOS)三大环境计划联合发起"全球变化与山区"计划,山地环境变化及其影响的研究日益受到重视,成为国际地球系统科学及全球变化研究最为活跃的领域之一。而山地垂直带植被分布格局变化规律及其形成机制,也已成为山地生态学和景观生态学关注的核心问题之一。

对山地植被垂直分布的研究已有百年历史,通过对山地垂直带谱的分布特征及变化规律进行深入研究,可以评估气候变化对生态系统、生态系统服务功能的影响,预测未来气候对植被及生态环境变化的潜在影响,这些都具有重要的生态学意义。山地垂直带是表征景观垂直分异的经典地学模型,也是地学地域分异规律研究的重点内容之一,在生态学和地理学研究中均具有重要地位。研究表明,山地景观的垂直变化梯度是水平变化梯度的 1000 倍(Walter,1973),因此,垂直地带性被认为是水平地带性变化的"微缩模型"(Körner,2000)。张百平等(2003)则认为,垂直地带性从属于水平地带性。尽管国内外对山地垂直带谱的研究由来已久,但人们对山地垂直带谱的认知和应用,与自然地理学科的其他领域相比,仍有较远的差距(孙建 等,2014)。

当前,对山地垂直带内容和特征的研究,在研究区域较为分散的背景下,一般研究工作只涉猎局部少数垂直带或界线;而研究方向则多为对生物或环境带谱分布规律进行探讨;或进行地学、生态学的解释。总体而言,局部(点或线)研究多于整体(面或谱)研究(孙然好 等,2009;孙建 等,2014)。因此,未来对山地植被垂直带的研究,基于点和线的局部研究来探讨整体(面、谱)的垂直带规律,将是需要关注的重点领域。此外,山地植被垂直带的形成是一个多因素的综合过程,需要多学科综合来研究。因此,多学科的交叉和融合也将是这一研究领域的发展趋势。在对山地垂直带多尺度研究的过程中,以中小尺度为工作基础,基于"3S"空间技术,对大尺度空间范围进行探究,对揭示山地植被垂直格局分布规律及其变化具有重要意义。

植被在山地垂直带的分布,其空间特征根据研究尺度具有不同格局。对植物物种多样性而言,已有研究结果表明:α 多样性随海拔升高而降低;β 多样性对不同生活型的物种具有类似格局,即随海拔升高而降低;γ 多样性则多呈现出负相关和偏锋分布两种格局;此外,植物物种特有度随海拔升高反而增加,但其特有物种的数量则会降低(唐志尧 等,2004b)。植被的垂直分布,还包括物种遗传多样性的垂直分布。已有研究表明,其分布主要包括 4 种模型:第一种,中海拔比低海拔和高海拔地带有更丰富的遗传多样性,意味着地理上最主要的物种类群总是生活在最适合的环境条件下,而次要类群生活在较为适合的环境条件;第二种,较高的群体数量有较多的物种多样性;第三种,较低的种群数量有较低的物种多样性;第四种,群体内物种遗传多样性与海拔梯度无关(Takafumi et al.,2008)。

群落作为一个古老的"术语",其发展历程恰好反映了生态学的发展史,初期的生态学研究着重于对群落的观察和描述(方精云,2009)。研究植物群落的物种多样性,可综合反映其结构和功能,并明晰物种之间、物种与环境之间的关系。充分理解群落动态变化的内在机制,对阐明物种多样性与海拔梯度的关系具有重要意义。植物群落垂直格局的研究,起始于单因子的描述,发展至多因子分析,从单目标到多目标,研究深度也随之逐步加深。研究内容也从描述分析样地发展到格局分析和假说的提出(张璐 等,2005)。对群落垂直格局的研究方法,大致可分为两类:取样和测度。取样方法包括连续样带取样法和典型群落随机取样法,其中连续样带取样法也称为梯度格局法。测度方法包括物种多样性测度和单元统计分析等。植被数量分类和排序等方法得到广泛应用。研究表明,山地森林群落多样性的垂直格局因研究尺度不同而不同,大致可归为 5 类:物种多样性与海拔呈负相关;物种多样性与海拔呈正相关;物种多样性在中海拔最大,即"中间高度膨胀"理论;物种多样性在中海拔最低;物种多样性与海拔无明显规律性。总之,植物物种多样性在海拔梯度上的分布格局,并非归因于单因素的作用,通常是生态因素和进化过程共同作用的结果(Newmark,2001)。

1.1.2　研究意义

基于文献计量学统计,梳理出本领域主要学科的研究范畴,提出未来发展的主要研究方向及具有挑战性的前沿问题,推动山地植被垂直分布领域的理论探索与实践应用的发展。在全球气候变化的大背景下,山地植被带谱对气候的响应、山地生物多样性的分布格局与变化、水土耦合的山地生态循环与生态系统服务等领域,成为现阶段山地生态学对山地植被格局与过程研究的重点领域。随着对山地植被垂直梯度群落演替机制及植被时空变化的深入研究,其结果必然对山地生态学科的发展具有巨大的促进作用,对全球生态环境保护和经济社会可持续发展也具有重要指导意义。

1.2　国内外研究进展

1.2.1　文献计量学统计

基于中国知网(CNKI)数据库和 Thomson Reuters 公司提供的 Science Citation Index Expanded 数据库为检索数据源,查询中文主题词为"植被"和"垂直带、垂直带谱、时空格局、垂直群落演替",运用检索逻辑语言"或",将各主题词"并包含"联结;英文检索以"mountain"和"vegetation"("vertical zonation"或"altitudinal belt"或"altitudinal spectrum"或"spatial temporal pattern"或"vertical community succession")为检索主题词,获得中文参考文献 436 篇,英文参考文献 1092 篇。然后对学科为生态学、植物学、林学、环境科学、自然地理学和生物多样性保护等学科的"article"进行筛选,最终获得中文文献 408 篇,英文文献 311 篇,共计 719 篇文献(图 1.1)。根据文献计量学统计方法,分析了国内外山地植被垂直分布格局及其群落构建演替的研究现状,总结了该领域的重点研究内容,推测该领域未来的研究趋势和前景。同时,对太行山区植被垂直带的研究历史进行了梳理,整理出太行山区该领域研究的热点和难点,为确定本研究的目的和意义提供理论依据。

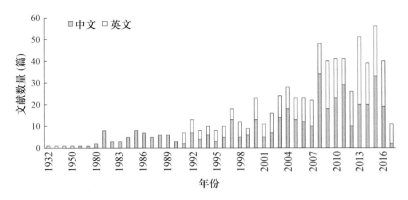

图 1.1　山地植被垂直分布与群落演替研究的文献计量学统计

　　文献计量学统计结果表明,国外较早的山地植被垂直分布的文章是由美国的 Tate(1932)发表的《罗赖马山地的生命带》,研究了美洲罗赖马山地不同植被类群的分布。20 世纪 50 年代前后,学者对森林垂直带的研究,逐渐转向对山地森林地带性研究的兴趣(Daubenmire,1943;Watt et al. ,1948)。20 世纪 90 年代之后,相关领域的研究保持持续增加。前期对山地垂直带谱的研究,重心集中在垂直带谱本身的特征,但忽视了其成因和影响机理(孙建 等,2014)。2000—2017 年,发表在本领域的国外论文共计 263 篇,占 84.6%。对英文文献发文量最多的前 5 个国家进行影响力分析,结果表明,该领域美国、德国、中国、西班牙和法国的影响力最大,其中发文量最多的美国以 82 篇文献居于首位,德国、中国、西班牙、法国分别以 52 篇、49 篇、20 篇、19 篇分列 2 至 5 位。根据文献质量分析,美国发表文献被引总频次为 2575 次,单篇平均引用频次为 31.4,h-指数为 32,总体质量均高于其他 4 国。上述结果表明,美国在该领域的研究,当前在国际上依然具有重要的影响力。基于 Web of Science 数据库检索结果,中国的发文量为 49 篇,列第 3 名,略低于第 2 名的德国,然而文献的被引频次和 h-指数均较低。尽管加上国内和国外总体在该领域的刊载量(共计 457 篇)较多,且在该领域的研究起步也较早,但在国际上的影响力总体不高。

　　从研究区域来看,国外对山地垂直带谱的研究,较为集中的区域分布在美洲、亚洲、欧洲、亚欧大陆和非洲等,重点区域集中在落基山脉(Daubenmire,1943)、阿尔卑斯山脉(Theurillat et al. ,2001)、喜马拉雅山脉(Rashid et al. ,2012;Khan,2017)、乞力马扎罗山脉(Hemp,2006)、斯堪的纳维亚半岛(Eriksson et al. ,2001)和哥斯达黎加地区(Lieberman et al. ,1996)等。根据国外文献的统计结果表明,该领域的研究具有明显的地域性,如美国学者研究区域多在落基山脉、中东地区学者研究区域集中在喜马拉雅山脉西麓或南麓、欧洲学者研究区域在阿尔卑斯山脉、非洲学者研究区域多在乞力马扎罗山脉等地。

　　国内较早的关于“山地植被垂直带”的研究是黄锡畴(1962)发表在《全国地理学术会议论文集》上的《欧亚大陆温带山地垂直自然带结构类型》。到 1980 年发表的相关研究论文增加到 3 篇,1981 年增长较快,年发文量升至 8 篇。之后直至 2007 年,有关山地植被垂直分布的文献发表数量呈现缓慢增长趋势,其中 2004 年相关研究报道达到 18 篇,2008 年增至 34 篇。此后,国内有关山地植被垂直带分布的研究一直处于备受关注的状态,文献数量也较高。2008—2017 年,年均发文量为 23.6 篇,比 2008 年之前的年均发文量 7.3 篇,增长了 2 倍多。

　　国内该领域研究的目标区域集中在我国主要山脉分布区,相关文献集中在云南(24 篇)、新疆(16 篇)、山西(15 篇)、宁夏(11 篇)、四川(10 篇)、内蒙古(10 篇)、陕西(8 篇)和西藏(8 篇),涉及文献共计 102 篇,占中文文献总数的 25%。从全国各大山脉的研究分布来看,主要集中在秦岭(13 篇)、长白山(13 篇)、贺兰山(9 篇)、天山(8 篇)、太白山(7 篇)、横断山(6 篇)等。总体上,该领域的研究区域多集中在我国西北部和西南部,东南沿海省份较少;对各大山脉的研究中,东北地区的长白山(郝占庆 等,2001),中部地区的秦岭(唐志尧 等,2004b)和黄土高原(王世雄,2013),西北部的天山(穆振侠 等,2010)、贺兰山(朱源 等,2008),西南部的横断山区(姚永慧 等,2010;王强 等,2017)等文献分布较多,而华北地区的太行山系、东北地区的大兴安岭以及沿海山脉的研究相对较少,有待于给予更多的关注。

1.2.2　山地植物群落垂直分布和演替研究进展

1.2.2.1　植被垂直分布的相关理论与假说

　　山地的气候、植被、土壤和整个自然地理综合体,随海拔升高均可发生明显的垂直分异,多种气候带、植被带和土壤带交织在一起,并按一定的顺序排列,形成以植被为主要标志的垂直自然带,或者称之为山地所特有的垂直生态景观结构(王根绪等,2017)。

　　学者对山地植被垂直格局的研究,其发展趋势从最初简单的单因子描述到复杂的多因子分析,从单目标浅析到多目标探究,研究深度也从样地的描述与分析发展到格局分布机理、假说的提出和求证(张璐 等,2005)。而对山地植被垂直带的形成机制的研究,则以植被带谱的空间分布格局为重心。从 20 世纪 60 年代起,对物种多样性梯度特征及其形成机制的研究就层出不穷,学者提出了众多理论模型和假说。早期的物种多样性空间分布假说主要归结为两大类,即环境因子类型和生物因子类型(黄建辉,1994)。代表性学说包括:时间学说、空间异质性学说、竞争学说、捕食学说、气候稳定性学说、生产力学说、生态时间学说、生产稳定性学说、稀疏作用学说等(Pianka,1974)。之后,一些新的学说又陆续出现,如环境可预测性学说、种群间相互竞争的非平衡学说,生物多样性的能量—稳定性—面积理论等。

　　对山地植被物种共存机制的解释,也有众多理论和假说。比如种库理论、生态漂变假说、竞争共存理论、更新生态位理论、异质性假说等(Hubbell et al.,2001;侯继华 等,2002)。其中,生态位分化理论、负密度制约假说被学者广泛认可。负密度制约假说侧重于密度制约、距离制约和群落补偿效应等领域,后又扩展了该假说的内容。如近缘物种间竞争相似资源的负效应等,并又进一步提出谱系多样性制约、异群保护等假说(祝燕 等,2009)。

20世纪70年代,生态位理论出现,物种在群落中共存均以生态位分化为前提,生态位相同的物种由于竞争而不能稳定地共存(Vandermeer,1972)。以生态位理论为基础,又衍生出了种群进化、群落结构功能和群落物种积聚等一系列理论(张光明等,1997)。然而,并非所有物种共存都能用生态位理论来解释,如在热带雨林中多个物种可共存,而其生态位却未明显分化。这些特例也对生态位理论提出了巨大挑战(Hubbell et al.,2001)。在此背景下,另一个群落共存的理论——中性理论出现,并一度成为生态学理论的关注和研究热点(Alonso et al.,2006;牛克昌 等,2009)。生态位理论和中性理论在群落构建中的作用被热烈讨论,更多的被认为是二者共同作用的结果。基于此,群落构建的内在机制也更容易被理解和解释(Tilman,2004;Leibold et al.,2006)。之后,一些融合了生态位理论和中性理论的新理论接连出现,如群落构建中的零模型、随机生态位、中性—生态位连续体假说等,二者的结合,可以更好地揭示群落构建的内在机制。

1.2.2.2 山地植物群落垂直分布及其驱动因素

生物多样性是一个区域内所有生物及其全部基因,以及由生物与环境相互作用而形成的生态系统,一般包括3个层次:物种多样性、生态系统多样性和遗传多样性(马克平 等,1997),有时也把景观多样性作为第4个层次。研究生物多样性的本质,其实是对物种多样性的研究。而物种多样性分布格局则是由多个生态过程影响的,其影响因素主要包括进化、地理和环境因子差异(Magurran,1988;Whittaker et al.,2001)。植物群落物种多样性的梯度分布格局是指在群落水平上物种多样性随某一生态因子的梯度方向表现出规律变化。这种梯度可表现为经度、纬度、海拔或深度等,也可表现为时间序列的梯度,比如演替(Begon et al.,1987)。例如,随纬度的升高,物种多样性常随之降低;随水分变化,物种多样性可呈现出6种模式;随海拔变化物种多样性可呈5种趋势等(朱珣之 等,2005)。因此,对生物多样性垂直梯度分布格局的研究,有助于揭示生物多样性的环境梯度变化规律。

山地植物群落多样性格局的形成原因有诸多,Begon 等(1987)认为,随海拔升高,热量条件显著下降,导致多样性降低,形成负相关格局;单峰格局则解释为中海拔地区的降水量最多,导致中海拔多样性最高。Whittaker 等(1975)认为,在低海拔地区物种丰富度受到降水的抑制;高海拔地区则受热量降低的限制;中海拔地区的水热耦合程度最高,所以物种多样性最高。物种多样性的垂直梯度分布格局一般包含3个尺度:α多样性、β多样性和γ多样性。被学者广泛认可的格局是:α多样性随海拔升高而降低;β多样性随海拔升高而降低,且不同生活型的物种具有类似的 β多样性格局;γ多样性随海拔梯度的分布常表现为偏锋格局或负相关格局(唐志尧 等,2004a)。

山地植物群落物种多样性的垂直格局,可解释为海拔梯度上的植被地带性变化,主要包括物种多样性垂直变化、植被垂直带谱、物种多样性及其环境解释(张璐等,2005)。对木本植物而言,物种多样性随海拔升高而降低的分布格局普遍存在于包括寒温带、暖温带和热带山地森林植被带在内的不同生态系统之中(Leathwick,1998;Elith et al.,2009)。

1.2.2.3　山地植物群落多样性数量分类与环境解释

陆地生态系统的植被类型,因为处于不同气候带而呈现不同的分布格局,温度和水分是两个主导因子(王敏 等,2011)。而在山地生态系统中,由于其复杂的成因和结构,所孕育的丰富植被垂直带,不能简单地以水、热因素去阐释。从而植物群落的排序、数量分类和环境解释等成为该领域研究的有利技术手段(李国庆,2008)。

数量分类和排序方法已被广泛应用于植物生态学的各个领域。在国内众多山地植被的研究中都有着极为广泛的应用(沈泽昊 等,2000;张峰 等,2000;方精云 等,2004a,2004b;王世雄 等,2010;刘晔 等,2016)。主要的研究方法包括:双向指示种分析(two way indicator species analysis,TWINSPAN)、主成分分析(principal component analysis,PCA)、去除趋势对应分析(detrended correspondence analysis,DCA)、典范对应分析(canonical correspondence analysis,CCA)、去除趋势典范对应分析(detrended canonical correspondence analysis,DCCA)、局部典范对应分析(partial canonical correspondence analysis,pCCA)等。归纳起来说,对山地植被垂直分布具有影响的环境因子主要包含以下 4 类:地形因子、土壤因子、地表及植被状况和干扰状况(王敏 等,2011)。

植物群落学的理论和研究方法可由间接梯度进行分析,通过物种及群落自身对环境的反应,从而获得在一定环境梯度上的排序与分类,即群落排序与分类的"环境解释"(张新时,1991,1993)。植物群落与环境因素多元分析的过程,一般包含如下几步:第一,建立植物群落的样方与环境背景值数据库,包括植物群落样方数据、植物区系数据、群落类型数据、样方地理背景值、气候资料和土壤特征等;第二,植物群落的多元分析,采取"康奈尔生态学程序"进行排序和数量分类分析,其中的样方数据包含了物种组成和百分率盖度。而群落分布的环境解释是对排序的继承和深化,通过群落的排序值,即群落对环境梯度反应的数值与环境因子进行相关性和多元回归分析,从而确定排序轴的环境梯度中的主导因子。根据环境解释和排序结果的定量指标,构建植物群落与主导环境因素的空间分布数量模型。

总之,植物群落排序、数量分类和环境解释等方法在山地生态学领域已被广泛应用,多种数量分类方法的综合运用将在解释植被分布、植被群落之间、植被与环境关系等方面提供更为客观和有效的手段。我国是一个多山国家,研究山地植物群落及其与环境之间的关系,对山地植被的可持续利用、脆弱山地生态系统的恢复重建等领域都具有重要的理论和实践意义。

1.2.3　山地植被时空变化研究进展

"3S"技术是基于遥感(Remote Sensing,RS)、地理信息系统(Geographic Information System,GIS)和全球定位系统(Global Position System,GPS)的一项综合性空间分析技术,基于此技术可实现高精度、定量化的植被动态变化分析(张高生,2008)。沿海拔变化的植被地带性分布,其形成的主要环境因子也随海拔而变化,一般在海拔 500～1000 m 就会表现出较显著的植被类型变化(吴征镒,1980)。可通过高分辨率遥感数据对植被垂直带类型进行分析,由于卫星遥感数据覆盖面积大、时空分辨率高以及费用较低等优势,应用领域逐渐增加。植被的生长、变化等均可通过植被指数来反映(付奔 等,2012)。植被指数是通过不同光谱波段的线性或非线性组合来表现植被的活性及丰富度辐射量值。植被指数的遥感数据优势在于空间覆盖范围广、时间序列长、数据具有一致可比性(王正兴 等,2003)。常见的植被指数有 NOAA/AVHRR-NDVI、MODIS-NDVI、MODIS-EVI 等。

通过卫星遥感数据提取植被指数,可以分析大尺度上的植被覆盖率,同时也可准确灵敏地动态监测植被变化。从时间序列来看,1982—1999 年,对遥感植被的研究主要依赖于 NOAA/AVHRR 归一化差分植被指数(normalized difference vegetation index,NDVI);1999 年和 2002 年,美国发射了两颗资源卫星 Terra 和 Aqua,对植被覆盖的遥感数据则转为中分辨率成像光谱仪(moderate-resolution imaging spectroradiometer,MODIS),包括 MODIS-NDVI 和 MODIS-EVI 指数等(赫英明 等,2017)。国际上应用最为广泛的遥感数据源包括 SPOT/VEGETATION、NOAA/AVHRR 和 EOC/MODIS 等,而较为流行的植被指数主要包括增强型植被指数(enhanced vegetation index,EVI)和 NDVI,而 EVI 对 NDVI 进行了明显改进,近些年其应用范围逐渐加大,尤其是在全球及大尺度区域的植被动态变化研究中(Galvão et al.,2011)。

研究表明,EVI 较 NDVI 具有多方面的优势:王正兴等(2003)研究发现,EVI 比 NDVI 具有更明显的季节性,特别对湿润环境下高密度植被的解析优势明显;程乾等(2005)发现 EVI 倾向于低值,不容易达到饱和与过饱和;张霞等(2005)对小麦长势研究发现,EVI 能在一定程度上弱化大气的影响;对 EVI 地学统计研究也表明,EVI 的数据质量明显优于 NDVI,更适用于地面植被监测研究,能更好地反映区域植被的空间异质性(李红军 等,2007)。2010 年以来,对 EVI 应用的研究持续增加:Shi 等(2017)利用 MODIS EVI 评估了陆生生态系统 GPP,发现 EVI 与许多生活型的年平均 GPP 呈显著正相关,而与年平均最大叶面积指数 LAI 呈显著负相关;在农业上,EVI 被用来将农业区域的农作物划分为 5 个等级,每个等级代表不同的耕作系统(Arvor et al.,2014);Sjöström 等(2011)研究了非洲生态系统 EVI 与 GPP 等的相关性,发现 EVI 与 GPP 在逐点分布上回归很好;Sims 等(2006)利用 EVI 评估了北美生态系统的 GPP,发现落叶林的 EVI 与 GPP 具有更好的相关性,这一关系适用于常绿林之外的大部分其他植被类型(Sims et al.,2006);Rahman(2005)的研究表明,EVI 可为逐像元 GPP 提供相对精确的估算。在国内的研究中,范瑛等(2014)基于 EVI 研究了内蒙古西部植被的时空变化,并评估了不同区域植被的改善和退化面积及强度；王兴等(2015)基于 NVDI 和 EVI,提出了二者结合使用提取植被数据,极大地避免了土壤背景、大气噪声等诸多因素的影响；王虎威等(2016)基于山西省 15 年的 MODIS EVI 数据,结合气温、降水数据、蒸散等数据,分析了植被变化对环境因子的响应,得出结果表明山西植被有改善趋势,每 10 年增长率为 2.6%。但是 EVI 作为植被指数也有其局限性,如 EVI 对降水和气温的响应有滞后效应,滞后期可达 1个月和 2 个月(沈欣悦,2016)；且 EVI 与 LAI 等的关系尚无明确定论,有待于进一步研究(王正兴 等,2003)。综合考量,本研究中对太行山区植被时空变化的研究,仍选用应用广泛且相对稳定的 MODIS NDVI。

植被净初级生产力(net primary productivity,NPP)是反映植被生长的重要参数,而 NPP 在生态系统的物质能量循环是生物圈的功能基础。生物多样性与生态系统生产力之间的关系,也一直是生态学领域的热点问题(马文静 等,2013)。一般物种多样性丰富度高的群落,其蕴含的生产力也越高(Darwin,1972)。研究表明,物种多样性与群落生产力之间的关系大致有 3 种:线性关系、单峰关系和不相关(Lawton,2000；Tilman et al.,2001)。物种多样性可在一定程度上影响群落生产力,其作用机制可能有:取样效应,高物种多样性的群落,优势种更容易被取样；生态位互补效应,物种对资源和环境的需求不同,能互补利用资源。一般来说,多物种组合具有比单物种更高的生产力。我国对物种多样性与生产力关系的研究多集中于草原或草地生态系统(白永飞 等,2002)。而作为全球脆弱生态区的山地,尤其是干旱半干旱区域,开展物种多样性与生态系统功能的研究,尤其多样性与生产力关系的研究,具有重要的生态学意义。

20 世纪以来,随着空间技术的发展,NOAA、MODIS 等遥感数据的广泛应用,大大推动了植被 NPP 的研究和发展,尤其是长时间序列的遥感数据在植被格局变化中的应用(李晓荣 等,2017)。马文静等(2013)对内蒙古草原的研究表明,物种丰富度及群落生产力与降水呈正相关,且群落生产力随物种丰富度增加而升高,呈现显著的线性关系；江小雷等(2004)研究了植物群落与生态系统生产力的关系,结果同样表明群落生产力随物种多样性增加而增加,物种多样性对生态系统功能起到了正效应。物种多样性与生产力的相关性常见的格局有 3 种,即单调上升、单调下降和单峰关系(杨利民 等,2002)。王占军等(2005)对退化草原的研究,发现草产量受季节降水变化的影响较小,随林龄而增加。群落生产力除物种多样性的影响,还与环境资源的分布、物种本身的特征有关,环境资源的异质性是形成物种多样性分布格局差异的因素之一(王长庭 等,2005)。

随空间技术的快速发展,利用"3S"遥感数据来研究植被时空变化,评估生态系统生产力,正在逐渐得到广泛应用(邱波 等,2004；李晓荣 等,2017),而群落物种多样性与生产力的关系,仍是当代生态学的研究热点。

1.2.4　太行山区植被分布研究进展

基于 CNKI 和 Web of Science 两个数据库,检索了区域范围为"太行山区"有关植被分布格局和群落构建演替的文献,共检索出 195 篇,其中 CNKI 数据库文献 188 篇,Web of Science 数据库检索出相关文献 7 篇。

1.2.4.1 太行山植物群落组成、结构与空间分布

对太行山植被资源的研究已有 30 多年的历史,最早由刘濂(1984)对河北、河南和山西 3 个省份太行山区的植被资源进行了调查,并对自然植被特征进行了描述;缪应庭(1984)分析了太行山河北段山区水土流失情况,建议种草与种树相结合,发展人工种草,改善植被状况;田玉梅(1988)首次探讨了太行山海拔梯度的植物种类分布情况,对其地理成分进行了分析,认为太行山植物区系属泛北极植物区,中国—日本森林植物亚区。张金屯(1989)对山西北部芦芽山的植被垂直带进行了研究,对植被垂直带分布的界线进行了探讨和修正。张义科等(1993)对太行山草地的植物生物量进行了研究,结果显示总生物量与气温、光照和土壤含水量均呈正相关。孙吉定等(1996)对低山灌草丛的物种多样性进行了分析,并探讨了种群组成与生境的关系。史敏华等(1996)对太行山区石灰岩山区资源开发利用进行了探讨,系统分析了该区域水土流失的现状及趋势,建议选择山地经济林,恢复退化森林,增强生态系统保水功能;并对片麻岩低山区的植被类型进行了分析,探讨了太行山区野菜资源的开发利用与引种驯化等(蔡虹 等,2002)。侯庸等(2000)研究了太行山中段人工乔木群落和次生灌草群落的结构组成、垂直结构及生态优势度等,人工群落更接近典型的暖温带落叶阔叶林群落,认为人工群落对灌草丛群落具有改造效应。

马克平等(1995,1997)对太行山北部东灵山的暖温带森林样带植物群落多样性进行了系列研究,分别从植物群落基本类型、物种多样性指数、种—多度关系、样本大小对多样性测度的影响、临界抽样面积的确定、植物群落组成随海拔梯度的变化、研究尺度对物种多样性的影响、不同尺度群落样带和草甸的多样性等做了一系列的调查分析,将东灵山的植被划为 5 个植被型,29 个群系;在垂直分布上,将植被划分为 3 条带:低山落叶阔叶灌丛带、中山落叶阔叶林带、亚高山草甸带;随海拔梯度升高,物种丰富度和多样性指数降低,而物种均匀度升高;草本层的物种丰富度指数明显高于乔木层和灌木层。

众多科研工作者对太行山区的植物群落组成、空间分布等进行了研究,绝大多数研究仅局限于太行山区的某一片段,对整个山脉尺度的研究相对较少。因此,以物种、群落和生态系统尺度的研究为基础,探讨整个太行山脉的植被分布特征,对了解太行山区的植被群落构建和演替机制、保护生态系统和生物多样性具有指导意义。

1.2.4.2 太行山区植物群落构建与演替特征

太行山植物群落的结构组成、区系分析、扩散机理等均为群落演替研究的重要内容。刘海丰(2013)通过样地动态监测研究了太行山区北端东灵山暖温带森林的群落组成和结构,以及地形因子、扩散作用等对群落构建的影响。结果表明,群落区系类型以北温带成分为主,兼具亚热带和热带成分,属于典型的温带森林类型,木本植物总径级分布呈倒"J"型,显示群落更新良好,同种群不同生长阶段地形因子的选

择显示物种地形生境的限制和保守性;不同种群同生长阶段地形因子的选择显示物种间空间分布格局及多样性的维持。局域尺度扩散过程与生态位过程因群落发育过程不同有明显差异,生态位过程的变化强于扩散过程。扩散过程提高了物种垂直分布的均匀度,促进了物种共存。局域尺度上扩散和生态位过程的交互效应是群落构建的主要动力,扩散作用强于环境过滤过程。

生态位模型在太行山植物群落演替中主要体现在生态位宽度指示物种的分布方向。丛沛桐等(2000)对东灵山辽东栎群落演替过程的研究,综合考虑了影响因子、物种组成等因素,建立了辽东栎群落演替的马尔可夫模型(Continuous Time Markov Model,CTM),结果表明不同海拔区间决定辽东栎群落演替的方向,在低海拔地区受人为干扰,辽东栎群落分化严重;人为干扰主要发生在低海拔地区,如砍伐和皆伐;群落的物种数量和年龄构成是确定群落演替的主要指标及参数。苏智娇等(2016)研究了山西太行山区辽东栎优势种群的生态位宽度和生态位重叠指数,分析了优势种的生态位特征,发现该区域乔木层中辽东栎具有最大的生态位宽度,灌木层土庄绣线菊的生态位最宽,草本层则为披针苔草具有最宽的生态位。

植物群落的演替与其生境具有协同演替效应。闫东锋(2012)探讨了低山丘陵区不同植被与土壤协同演替机制,采用时空替代法,以不同演替阶段的样地为对象,研究了随演替进程不同植被的多样性指数和土壤协同演替特征,结果显示,在植被恢复措施下,植被群落演替距离指数稳定增长,与土壤发育距离指数接近相等,植被群落演替与土壤发育的协同规律呈渐进式进程,协同度指数稳定增大。李良厚(2007)同样对低山区石灰岩区植被的群落构建进行了研究,运用多目标局势决策方法,基于不同立地类型的植物群落,优化了植被类型布局方案,定量化确定了适地适树方案。

太行山植被分布的数量分类也有相关研究,主要研究方法包括有序样方聚类、排序法等。学者在太行山中段、南段开展了一系列植被垂直带的数量分类研究(李军玲 等,2010;张金屯 等,2000),认为有序样方聚类法的结果更符合实际,并根据植被现状,修正了植被垂直带谱的划分。曹杨(2006)对太行山南段小叶鹅耳枥的群落数量生态进行了探讨,排序结果表明,群落及优势种的分布与坡度和坡向相关性较大,CCA 排序法提高了物种与环境的相关性,优于 DCA 排序法。

1.2.4.3　太行山区植物群落数量分类与环境解释

植物群落内物种种间关系是物种的空间分布、群落演替和物种共存的基础(Druckenbord et al.,2005),而数量分类方法常被用于探讨群落演替的驱动机制、推测演替方向、探讨种间关系等。江洪等(1994)对东灵山植被的梯度分布特征进行了数量分类和环境解释,表明东灵山植物群落分布具有明显的梯度规律,影响其梯度分布的主导因素是温度和水分。张峰等(2003)研究了历山森林群落的植被分布格局,发现影响物种分布的主要因素是海拔梯度、水和热等因子。

学者对模糊数学排序的研究认为,该方法具有更直观和分辨率高的特性。席跃翔(2004)对太行山中段植物群落的生态关系进行了探讨,认为 DCCA 排序提高了物种与环境的相关性,更利于排序轴的生态学意义解释。牛莉芹等(2005)分析了中条山中段的优势种群分布特征,探讨了种间关系,24个优势物种相同生态种组间具有较强的正联结,表明其资源利用及生态要求具有相似性。尉伯瀚(2011)在野外样地调查的基础上,对太行山南段的野皂荚群落进行了数量分类研究,应用 Shannon-Wiener 指数和 Pianka 重叠指数探讨了野皂荚群落优势种群的生态位宽度和重叠,发现生态位较宽的物种间生态位重叠也较大。聂二保等(2009)对小叶鹅耳枥进行了群落数量分类分析,结合 TWINSPAN 和 CCA 排序技术,结果表明,坡度和坡向对小叶鹅耳枥的分布影响较大,海拔影响较小。

生态位理论认为,物种受不同生境因素的影响,各物种由于占用不同的资源、时间和空间而得以共存,且在种间表现出一定的相关性(Levine et al.,2009)。对植物种群种间相关性的研究,有助于认识植物群落的空间分布特征、生态学过程及其与生境的相互作用等。王进等(2016)对河南省境内南太行的植物群落物种生态位特征进行了研究,在对优势物种的生态位宽度、生态位相似性比例指数和生态位重叠指数等定量分析的基础上,通过物种的点格局来分析空间格局,结果表明,生态位重叠不能反映种间竞争,点格局分析法改善了生态位对种间关系研究的片面性。可见,点格局分析法可较全面地反映群落优势物种的种间关系。

1.2.4.4 太行山区植物群落空间分布的驱动因素

影响植物群落分布的因素主要包括气候因素、地形因子和人为干扰因素。刘世梁等(2003)基于小流域尺度研究了东灵山地形、土壤因子与植物群落的关系,采用多元统计、主成分分析、聚类分析和典范相关分析等,结果发现地形因子与土壤理化性质影响植被的分布与群落结构。反之,群落也对土壤理化性质产生影响。影响乔木层盖度的主导因素是坡位、物种丰富度和有机质含量。

刘增力等(2004)基于遥感信息的分析,研究了小五台山暖温带植被垂直带谱,采用野外调查与 TM 遥感技术相结合的方法,分析了植被群落分布与地形的关系。结果显示,海拔由低到高,植被类型依次出现灌丛、阔叶林、针阔混交林、暗针叶林、矮林灌丛、草甸等,森林面积最大,平均斑块面积最大的是阔叶林和亚高山草甸,斑块破碎化最严重的是水体和针阔混交林。研究表明,水分条件是森林分布的限制因子之一,而坡度增加了植被带谱结构组成的复杂性。

冯云等(2009)探讨了坡位对东灵山辽东栎物种多度分布的影响,海拔与坡位可综合体现气象因子与立地因子,而坡位影响环境因子的空间分布,与海拔形成物种生存的小生境,形成群落多度格局。海拔梯度上对上、中、下坡位的辽东栎林乔灌草群落进行调查,通过协方差分析发现,海拔和坡位对辽东栎群落多度格局均无显著影响。王成等(2001)对太行山河谷土地空间分布规律进行了研究,基于景观生态学,阐明了河谷地带类型的空间范围和确定方法。

李薇等(2017)研究了太行山区地形因子,尤其是坡度对植被指数 NDVI 变化趋势的影响。基于 MODIS 和 DEM 数据,采用像元趋势分析法和坡度回归分析,探讨了长时间序列尺度植被 NDVI 的变化。综合结果表明,随时间进程,植被总体得到改善,中西部太行山区 NDVI 增加最为明显,华北平原的低山丘陵区则出现较明显的 NDVI 减少。坡度在 7°～15°,植被优化趋势最为明显,其次是 15°～20°。太行山区时间序列 NDVI 的变化主要受自身生化条件、自然环境和人为影响等综合作用。

人为干扰对植物群落的分布具有复杂的影响过程和机制。高俊峰(2007)对东灵山植物多样性的人类活动影响进行了探讨,基于 TM 遥感数据和"3S"技术,采取缓冲方法构建了干扰带,结合群落水平的样地调查,发现该地区人类干扰作用强度依次为村庄＞农田＞灌丛＞林地(草地),PCA 和 CCA 分析表明,土壤和地形因子是影响植物群落变化的主要因素。地形因子中,海拔梯度的影响最大,其次为土壤因子。海拔梯度和人类干扰是植物格局变化的复合梯度,它们共同决定植物多样性的分布。

气候变化对太行山区植被分布的影响研究相对较少,主要集中在水土要素对气候的响应机制。杨永辉等(2004)基于气候变化,研究了太行山土壤水分及植被对气候的响应特征,发现植被对降水反应敏感,每增加 10％降水,植被生产力增加 15％,全球变化对降水的影响,将对太行山低山区的植被产生影响,预测未来气候变化情景下植被变化与土壤水分的变化具有相似的趋势。

1.2.5　生态位理论与物种分布预测研究

生态位是现代生态学的核心概念(Hutchinson et al.,1957;Holt et al.,2009)。1917 年,格林内尔(Grinnell)在《加利福尼亚鸫鸟的生态位关系》(*The Niche Relationships of the California Thrasher*)一书中首次提出了生态位(niche)的概念,并赋予其定义为:一个物种能够生存和繁衍后代所需的所有条件的总和。随后,埃尔顿(Elton)在《动物生态学》(*Animal Ecology*)中提出了生态位的另一个概念:物种的生态位是其所处群落(非栖息地)中所扮演的角色;哈钦森(Hutchinson)提出超体积生态位(Hypervolume niche)的概念,认为生态位是一个允许物种生存的超体积,即 N 维资源中的超体积,其定义为所有的能够允许物种无限期地存在的变量集合。哈钦森超体积生态位,又可分为基础生态位(fundamental niche)和实际生态位(realized niche),它们是广泛被使用的概念。哈钦森认为 Grinnell 的生态位概念偏重于物种与生物或非生物因子的关系,而 Elton 的概念则更加偏重于物种在生态位空间中的地位与角色。综合二者的概念之后,哈钦森将影响生态位的因素分为消耗性的生物性变量和非生物性变量。随着物种和环境维度数据的可用性大幅增加,科研人员开发了相关算法,用以估计生态位和探索潜在分布区域(Peterson et al.,2011)。这些相关模型被称为物种分布模型(Austin,2007;Pearson et al.,2007)、生境模型(Guisan et al.,2005)或生态位模型(Soberón et al.,2005;Peterson et al.,2005)。

现代生态位理论框架,最早是由 Soberón 等(2005)提出,Escobar 等(2016)在此基础上进行了改进。这是一个将生态位概念和分布区域联系起来的启发式框架。

BAM 强调了物种分布的 3 个重要原因：适宜非生物环境条件的地理分布、适宜生物条件的地理分布、在相关时间段内通过扩散到达区域的潜力。如图 1.2d 所示，蓝色表示非生物因子（A），红色表示生物因子（B），灰色表示生物在适宜区域的运动和扩散能力（M）。理论上 A 和 B 的重叠区域，都允许物种分布，而由于扩散能力 M 的限制，物种只分布于 A，B 和 M 的重叠区域（黑色区域）。

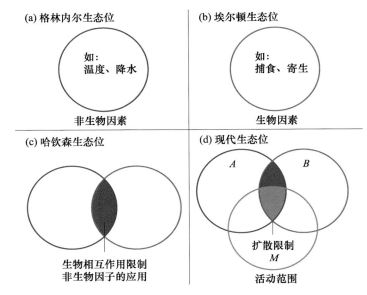

图 1.2　格林内尔(a)、埃尔顿(b)、哈钦森(c)和现代(d)生态位概念的理论框架
(Escobar et al.,2016)

当前，生态位模型的构建已超过 20 余种，各有自己的理论基础、分析方法和数据需求。根据其理论基础，可分为：包络理论、概率论理论、聚类算法和机器学习算法等；也可分为生态位模型、物种分布模型和物种栖息地模型。最早的生态位量化理论是以 BIOCLIM、栖息地分析、主域分析等为代表的环境包络理论，该理论认为生态位是环境空间中由多个变量的极值组成的包络体，通过已知分布点估计包络体的边缘，进而预测物种的潜在分布区。经过演化发展，这一理论已经产生了众多新的生态位模型，如 ENFA。随着数学模型和计算机技术的快速发展，更多的模糊数学与统计机器学习理论融入这一领域，发展产生了更复杂的生态位模型，如人工神经网络（artificial neural network，ANN）、支持向量机（support vector machine，SVM）、GARP、MAXENT 等模型。这些模型过程复杂，缺点是不能很好地呈现生态位形状，但统计准确率高，实际应用效果良好。当前应用 ENM 模型进行物种分布共存和分布预测的研究众多，ENM 模型也成为当下该领域研究的主流方法之一（Peterson et al.,2005；Araujo et al.,2006；Qiao et al.,2015）。

物种共存和生物多样性维持一直是生态学的重要议题，基于物种生态位分化的群落构建理论研究已有近一个世纪的历史,然而对群落构建机制尚不明确(牛克昌等,2009)。中性理论在近些年的群落构建研究中突起,然而其假设"物种生态功能的等价性",与大多数研究结果不一致而饱受质疑,更多的学者认为未来群落构建的理论应是生态位理论与中性理论的整合。当前阶段,生态位理论仍是群落构建和物种共存研究的主流理论。此外,还有一类模型从数理统计出发,通过已知样本位点(物种分布点)与被测整体空间(研究区域)的统计学关系来预测物种的潜在分布区,这一类模型的代表有广义线性模型(generalized linear model,GLM)、广义可加模型(generalized additive model,GAM)、随机森林模型(random forest,RF)等。此类模型重点并非对生态位建模,而是讨论已知分布点与未知区域的统计学关系,其目的是预测物种的潜在分布区域,可看作是生态位模型领域的一个重要分支。

1.2.6　山地植被垂直分布的研究方法及应用

山地植被垂直带的研究由来已久,基本且主要的研究方法还是基于样地调查。对近些年国内外山地植被分布的文献进行梳理统计,发现该领域研究方法随着相关技术的发展也有了很大变化,尤其是随着空间技术的快速发展,基于遥感技术的分析方法逐渐成为主流手段。运用调查数据、观测数据(如气象、土地利用、地形等)来预测山地植被垂直带的演替过程及格局变化,从而对应对未来气候变化、保护生态安全、维持生物多样性等具有重要价值。如张百平(2003)、马克平(1993,2020)、方精云(2004a,b)、张新时(1991)、傅伯杰等(1991)等众多知名学者已在该领域开展了大量且深入的研究,所采取的技术手段也成为主流的研究方法。

对本研究检索到的文献进行统计分析,发现基于遥感空间技术的植被格局分析的文献有 136 篇,涉及不同尺度多样性指数的文献有 82 篇,探讨环境因子、气候因素、土壤、地形等与植被分布关系的文献有 74 篇。可见,遥感技术已成为当前山地植被垂直带研究的主流技术手段,基于遥感技术的山地植被时空变化格局是当前的热点领域之一;而基于实地调查的物种多样性指数分析方法仍在该领域中占有重要地位。此外,研究山地植被垂直分布与环境因子的关系也是该领域的重要内容之一。

1.3　发展趋势

生物多样性的空间分布格局历来是生物地理学领域研究的重要方向。当今,全球气候变化和人类活动干扰,使生态环境也发生了剧烈改变,生物物种栖息地逐渐被破坏,适宜生存环境日益减少,物种多样性分布格局随之发生了巨变。因此,在全球气候变化背景下,研究物种分布格局及其时空变化具有重要意义。

我国华北地区由于长时间的过度开发和利用,特别是随着近几十年来我国经济的飞速发展,致使自然植物植遭受严重破坏,主要表现在:天然林急剧减少、草地退化、湿地植被萎缩等。植物群落的退化或消失是我国生态环境质量持续恶化、生物多样性严重丧失的最根本原因,开展植物群落资源调查具有重要的学术意义和应用价值。华北地区植物群落类型多样,但长期以来受到人类活动的强烈影响,在中国具有代表性(唐志尧 等,2019)。

太行山区是我国京津冀协同发展区的生态防护带,同时也是华北平原的农业发展的水源涵养地,作为我国第二、第三阶梯的分界线,其地理位置和生态意义极其重要。该区域历来遭受人类活动的剧烈干扰,同时,在全球气候变暖的背景下,太行山区的植被及生境受到了严重破坏,其植被的时空分布格局、物种多样性的空间分布均发生了巨大变化。尤其是在垂直梯度上,植被物种多样性受人类活动干扰程度、植被分布格局发生了怎样的变化,以及未来物种分布格局和分布区域将会发生什么样的变化,都是当前有待于深入探究的科学问题。鉴于上述背景,本研究将以太行山区的植被为对象,利用"3S"技术研究其植被(NDVI)的时空变化格局及驱动因素;采用群落数量生态学研究方法,研究垂直梯度上植物群落的分类、演替及垂直分异规律;基于生态位理论和物种分布模型,研究植物群落在当前和未来气候条件下的潜在分布及变化趋势,及其与主导环境因子,从而揭示太行山区植物群落对气候变化的响应及分布变化。本研究可为太行山区生物多样性保护、生态环境可持续发展提供理论支持,对深入理解山地植物群落垂直演替规律、应对气候变化也具有深远的理论价值和生态学意义。

对山地植被垂直带的研究已有数十年的历史,通过对山地垂直带谱的分布特征及变化规律进行研究,可以评估气候变化对生态系统的影响,预测未来气候对植被及生态变化的潜在影响,具有重要的生态学意义。当前对山地植被垂直带的研究,总体而言研究区域较为分散,一般研究工作只涉猎局部少数垂直带或界线,研究方向多为对生物或环境带谱分布的规律进行探讨,或进行地学、生态学解释。山地植被垂直带的形成是一个多因素的综合过程,需要多学科综合来研究,因此,多学科的交叉、融合也将是一大趋势。在对山地垂直带多尺度研究的过程中,以中小尺度为工作基础,基于遥感等空间技术对大尺度进行研究,对揭示山地植被垂直格局的变化和规律意义重大。

综上所述,针对当前对山地植被垂直带研究的现状,未来的研究领域不可只局限于已有的研究内容,多学科的融合将是揭示山地植被垂直变化规律与机理的途径之一。如对植物功能性状的垂直变化、山地植被垂直格局机理以及山地植被垂直分布数字化模型等。此外,应用模型在全球气候变化背景下的研究植被分布对气候的响应,预测植被分布格局变化的走向,从而针对性提出相应的生物多样性或生态保护策略,尤其是关键地带(高山雪线和林线、生态交错带及人为干扰带等)的生态保护,具有深远的生态学意义和应用价值。对太行山区植被分布与变化格局的研究也应站在发展的视角,以保护生态环境和生物多样性可持续发展为根本,基于科研工作者前期的研究基础,着眼于全球气候变化背景下的生境变化,应用新方法、新技术、新思路,多学科方法融合,与时俱进,从多维度研究、分析和解释植被分布面临的现状和难题,并提出应对气候变化的保护策略。

第2章 太行山区自然地理概况与植物区系基本特征

2.1 自然地理概况

2.1.1 地理位置

太行山区（34°71′—40°34′N，110°60′—115°62′E）位于我国第二阶梯的东缘（图2.1），是黄土高原向华北平原的过渡地带，同时也是京、津、冀经济圈和华北平原的天然生态屏障。太行山脉西临黄土高原，东接华北平原，北起北京西山，南至王屋山，总面积约为13.7万 km²（李晓荣 等，2017；李薇 等，2017；高会，2018）。自北至南，涵盖了北京、河北、山西和河南4省（市），包括101个县级行政辖区。广义的太行山区还包括了恒山、五台山、太岳山和中条山等山地（范晓，2015）。

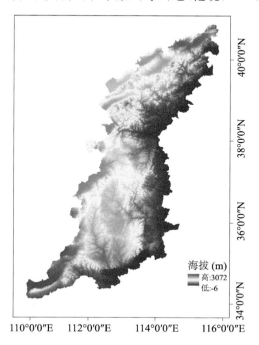

图 2.1 太行山区高程分布

2.1.2 自然环境概况

2.1.2.1 气候与水文

研究区域地处暖温带半湿润大陆性季风气候带,四季分明,夏季炎热多雨,冬季寒冷干燥(查轩 等,2000),多年平均气温约为 10 ℃,年降水量约为 512 mm。太行山区水热条件随海拔和纬度变化明显,东西坡因日照差异而呈现较大的水热分布特征。受季风和地形影响,中高海拔降水较多,加之气温较低、蒸发较少,与低海拔地区相比,其气候条件相对湿润。研究区是多条水系的发源地,同时是黄河流域和海河流域的重要水源地。其中,黄河流域的支流包括汾河、沁河等;海河流域的支流包括桑干河、拒马河、滹沱河、沙河、漳河和唐河等。

2.1.2.2 地形地貌

太行山区平均海拔为 1500～2000 m,最高峰位于五台山北台顶,海拔为 3061 m。其中,南太行的嶂石岩地貌、云台地貌,北太行的白云山地貌,五台山等山脉的山岳地貌,这些都为太行山区的经典地貌类型(范晓,2015)。

2.1.2.3 植被类型

研究区域内的植被垂直分异明显,自然植被主要包括常绿阔叶林、针阔混交林、针叶林、灌丛、灌草丛和亚高山草甸等。天然原始植被保有量极少,现有林地多为人工次生林。依据太行山区生态系统服务功能特征,可分为 3 个生态区:低山丘陵区(<500 m)、中山区(500～1500 m)和亚高山区(>1500 m)(高会,2018;Gao et al.,2018)。本研究垂直梯度的分区沿用上述"三分区"的划分方法,来探讨植被在垂直梯度上的分布格局及变化趋势。

2.1.2.4 土地利用类型

研究区土地利用类型主要包括:耕地、林地、草地、建筑用地和水域等,其中耕地面积最大,占山区总面积的 36.68%,林地和草地面积比例分别为 30.17% 和 26.46%。土地利用类型随海拔等变化而呈不同分布格局,其中林地多分布于坡地,农田和建设用地多集中于沟谷盆地。太行山区土壤类型主要包括山地褐土、棕壤、栗钙土、潮土、黄垆土和娄土等。

2.2 植物区系的基本特征

2.2.1 植物区系组成

太行山区是我国重要的自然资源宝库和生态屏障(张殷波 等,2019),被划为我国生物多样性保护的优先区域之一。根据太行山区生物多样性保护优先区域的划分,其优先区域总面积为 62568 km²。依据植被区系划分,太行山区属暖温带落叶阔叶混交林区,其主要的植被类型包括:温性针叶林、温性针阔叶混交林、落叶阔叶林、落叶阔叶灌丛、灌草丛和草丛等。从植被类型上来划分,自然植被中灌丛所占比例最大,其次为草丛植被。

太行山区植物属泛北极植物区,中国—日本森林植物亚区,华北平原山地亚地区和黄土高原地区。初步统计表明,太行山区植物约有 1500 种,其中国家重点保护植物有 989 种,包括大花杓兰、山西杓兰、太行菊和天麻等。中国特有植物有 15 种,包括大果青杆、河北红门兰、缘毛太行花等(李俊生 等,2016)。

2.2.2　植物区系分布的一般规律

中国是世界上生物多样性最为丰富的 12 个国家之一,拥有森林、灌丛、草原、草甸、荒漠和湿地等陆地生态系统,其中高等植物 34984 种,位居世界第三位。同时,我国也是生物多样性受威胁严重的国家之一,全国 90% 的草原面临退化、沙化,40% 的湿地受到退化威胁,10.9% 的高等植物受到威胁(李俊生 等,2016)。在此背景下,深入研究生物多样性丰富地区的植被分布特征及其影响因素,维持生物多样性可持续发展显得尤为重要。而保护生物多样性更是关系到中国社会经济发展及后代子孙福祉,对生态文明建设具有重要意义。

太行山区较大的纬度跨度和高差,加之地形地貌复杂,气候类型多样,孕育了丰富的生物多样性,被划定为我国生物多样性保护的优先区域之一。已有研究表明,随着经度和纬度的增加,太行山区森林群落的植物多样性有增加趋势(张殷波 等,2019),即森林群落物种丰富度由西南向东北逐渐增加。

植物区系是一个地区的植物在一定自然条件和历史演变下共同作用下的演化结果(郭建鑫 等,2018)。自新生代以来,太行山经历了多次地质运动,造成其东西两侧形成了显著的地势差,在纬度上由南向北形成了亚热带向暖温带过渡的气候类型(吴忱,2004)。由于复杂的地质构造、多变的地形地貌、强烈的海拔高差,使太行山区域内形成众多小气候区,从而孕育出丰富的植被类型。

太行山区植物区系的成分极为复杂,植物科的分布区类型以热带和温带成分为主,植物属的分布区类型则以温带成分为主。植物区系的分布特点与太行山区的地理位置和自然条件相适应,区系中含有一定的热带成分,表明太行山区植物区系的形成过程体现出一定的热带渊源。

第3章　研究内容、方法与方案

3.1　研究内容

3.1.1　研究目标

本书的系列研究基于太行山区垂直梯度上植物群落的样地调查和2000—2015年MODIS NDVI时间序列影像数据,从物种、群落和生态系统等尺度研究植物群落和生态系统的垂直分布格局、群落演替规律及其影响因素;从山区尺度探讨2000—2015年时间序列上植被分布的时空变化及其影响因素;基于生态位理论研究垂直梯度上植物群落优势物种的潜在适生区分布,预测未来气候情景下其适生区分布变化及影响因素。总体目标是从时间和空间尺度上深入理解太行山区植被分布格局与驱动因素,理解气候变化背景下植被分布的现状与变化趋势,为太行山区生态环境和生物多样性保护、生态系统可持续发展奠定理论基础。

3.1.2　研究内容

3.1.2.1　基于群落调查的太行山区植物群落垂直分布和演替

主要包括4部分研究内容:

a. 植物群落物种多样性垂直分异规律(基于α多样性);

b. 植物群落垂直梯度群落演替规律(基于β多样性);

c. 太行山区植物多样性与土壤多样性的关系;

d. 太行山区生态系统垂直分布格局。

3.1.2.2　基于MODIS遥感影像的太行山区植被时空变化格局研究方案

主要包括3部分研究内容:

a. 太行山区植被NDVI空间分布格局;

b. 太行山区植被NDVI时间序列(2000—2015年)的变化格局;

c. 太行山植被NDVI时空分布的影响因素。

3.1.2.3　基于生态位理论的垂直梯度群落优势物种适生区分布预测

主要包括4部分研究内容:

a. 太行山区垂直梯度植物群落TWINSPAN数量分类;

b. 基于Maxent模型的太行山区垂直梯度优势物种适生区分布预测;

c. 基于Niche Analyst模型的太行山区优势物种空间分布与生态位;

d. 未来气候情景下太行山区垂直梯度优势物种适生区分布变化。

3.2 样地选择与样方设置

3.2.1 样地的选择

本研究对太行山区垂直梯度植物群落进行样方调查,采取典型抽样法,在太行山区中段和北段选取自然植被保护较好、植被垂直带分布连续的自然保护区为研究样地,自低海拔至高海拔,从山区东坡(阳坡)和西坡(阴坡)按梯度设置调查样方,测定样方内的物种多样性、生态系统类型、地形因子等参数,为研究植物群落垂直分布和群落演替提供数据基础。

3.2.2 样方设置方案

在太行山区中段(以驼梁国家级自然保护区为中心)调查样地内,参照方精云(2004a)的野外样地调查标准,根据研究区的地形、植被分布情况加以调整,进行样方勘测工作。首先,沿垂直梯度由低海拔到高海拔设置样地($0 \sim 100$ m、$100 \sim 200$ m、$200 \sim 300$ m、$300 \sim 400$ m、$400 \sim 500$ m、……、$2200 \sim 2281$ m),每个梯度分别设置阴坡和阳坡样地各一组,每组样地包含乔木层样方 1 个、灌木层样方 2 个、草本层样方3 个。其中,乔木样方为 10 m×10 m,灌木样方为 5 m×5 m,草本样方为 1 m×1 m。样方设置方案如图 3.1 所示。

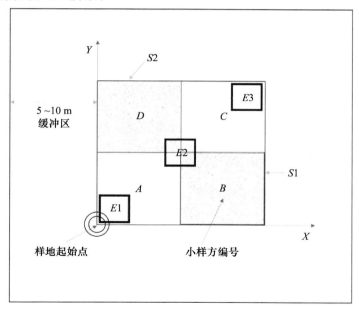

图 3.1 植物群落样方设置及取样方案

(注:乔木样方面积为 10 m×10 m,由 4 个 5 m×5 m 样格(A,B,C,D)组成,$S1$ 和 $S2$ 为 5 m×5 m 灌木层调查样格,$E1 \sim E3$ 为 1 m×1 m 草本层调查小样方。样方四周预留 5～10 m 以上的缓冲区)

乔木层记录 10 m×10 m 样方内出现的所有乔木种类,测量 DBH≥3 cm 的植株种类、数量、胸径、株高和郁闭度等;灌木层记录所有灌木种类,选择样方中两个对角 5 m×5 m 的小样方(A、C 或 B、D),调查灌木种类和数量,测量基径、株高等;草本层选择样方中心($E2$)和 4 个角落任意 2 个对角小样方($E1$、$E3$),共计 3 个 1 m×1 m 小样方进行统计,记录草本层种类、多度、盖度等参数,调查信息录入表格。

3.2.3 环境因子的调查

环境因子主要包括地形因子、土壤因子和气象因子等。

地形因子:

海拔:GPS 测定样方所在地海拔;

坡度:样方的平均坡度,采用坡面仪测定;

坡位:样方所在坡面的位置,如谷地、下部、中下部、中部、中上部、山顶、山脊等;

坡向:样方所在地的方位,以南偏东 30°的方式记录;

地形:样方所在的地貌类型,如洼地、山地等。

土壤因子:

表层土取样:在 $E1$~$E3$ 草本层的小样方内,分别取深度为 0~20 cm 的原状土和扰动土样品,原状土采用环刀法采取,扰动土取样后装入封口袋,待测理化指标。

气象因子:

调查样地生境的地温、降水等信息,由太行山区布设的气象台站点获取,并通过 ArcGIS 插值法获得整个山区的气象数据。

此外,样方调查还同步进行图像采集,包括群落外貌、垂直结构、乔木层、灌木层、草本层及优势物种图片等。

3.2.4 生态系统多样性调查方案

结合植物群落调查,以太行山区北部地区为代表(以小五台国家级自然保护区为中心),以县级单位为调查单元,调查河北省范围内的太行山区生态系统类型,研究由低海拔到高海拔生态系统类型的种类和分布,同时,同步采集研究区域的环境因子等数据,研究生态系统分布与环境因子之间的关系。

依据孙鸿烈(2005)的《中国生态系统》和吴征镒(1980)的《中国植被》,参照约恩森(2017)的《生态系统生态学》,生态系统类型的基本单位为生态系统丛,以植物群落优势物种(共优种)或建群物种,或者生境类型来命名,并确定其型、纲、目、属各分类单位的归属。

3.3 数据来源及预处理

3.3.1 归一化植被指数(NDVI)数据

本研究选用 MODIS NDVI 数据,数据下载自地理空间数据云(下载地址为:http://www.gscloud.cn),选用 2000—2016 年的月合成数据(分辨率为 500 m),并在后期重新将分辨率设为 1000 m。实际操作中,本研究采用太行山区 4—10 月 NDVI 值计算该年度生长季的植被 NDVI 均值(毛德华 等,2012),可计算得到 2000—2015 年的 16 期植被 NDVI 均值影像图。

3.3.2　DEM 数据

数字高程模型(digital elevation model,DEM)数据同样下载自地理空间数据云,其中,坡度和坡向数据由 ArcGIS 10.2 的空间分析功能 Spatial Analyst 计算得到。

3.3.3　土地利用数据

土地利用数据下载自中国科学院水利部成都山地灾害与环境研究所的合成产品,包括分辨率为 30 m 的 TM 影像数据两期(2000 年、2010 年),后期进行分辨率调整等处理。

3.3.4　气象数据

气象数据来源于太行山区范围内北京、河北、山西和河南 4 省(市)的 87 个气象站点,采用 30 年(1988—2017 年)的逐月数据,包括气温、降水等参数,太行山区的气象数据在 ArcGIS 10.2 中通过"普通克里金法"空间插值得到。

3.3.5　土壤类型数据

土壤数据下载自世界土壤数据库(harmonized world soil database,HWSD)的 version 1.1 数据;土壤数据采取 FAO-90 分类系统,数据格式为 raster 格式。

3.3.6　人类干扰因子数据

本研究的人类干扰因子来自社会经济数据和应用中心(Socioeconomic Data and Applications Center,SEDAC),下载地址为:http://sedad.ciesin.columbia.edu/),共分为 3 类:人口密度、人类足迹和人类影响指数;后期处理中,在 ArcGIS 中裁剪至覆盖研究区域的范围。

3.3.7　物种分布模型建模体系

3.3.7.1　物种分布模型的选取

用于物种潜在分布模型越来越多地出现,应用较多的如 BIOCLIM 模型、GARP 模型、GLM 模型、DOMAIN 模型、Random Forest 模型和 Maxent 模型等。这些模型都有着各自的适用范围和条件,其模拟预测结果与 GIS 结合,可获得直观的生境适宜分布区地图(冯益明 等,2010;郭杰 等,2017)。综合比较多种模型的性能、预测精度和适用范围,本研究最终选用具有较好的稳定性、较高的使用频率、较广的应用范围的 Maxent 模型(maximum entropy model,MEM)(Phillips et al.,2006;蒋红军,2015)。

3.3.7.2　物种分布数据来源与处理

太行山区垂直带植物群落优势物种的分布记录,主要包括 3 部分来源。一是研究组工作人员多年野外考察工作积累的标本数据;二是来自于国内外的植物标本资源共享平台。其中,国内物种数据库有:中国国家标本资源平台、教学标本资源共享平台和中国数字标本馆等平台;国外数据库主要包括:全球生物多样性信息数据库(global biodiversity information facility,GBIF)、美国国家植物标本馆等。第三部分数据来源于文献资料,包括各地的植物志、考察报告、相关期刊论文等。进行物种筛选时,基于前期垂直梯度上植物群落样方调查和群落数量分类情况,结合物种的出现频率、生物量、覆盖度等,筛选出不同海拔梯度植物群落的优势物种,用以进行分布模型的预测。将确定的优势物种学名作为关键词,检索其分布位点的地理坐标,筛选去除重复记录或信息不全记录,物种的分布数据最后以"csv"格式文件进行保存备用。

本研究中基于植物群落样方调查和群落分类结果,筛选出太行山区垂直梯度上植物群落的 21 个优势物种,用以进行生态位模型的模拟预测分析,优势物种信息见表 5.2。

3.3.7.3 环境因子选取与处理

物种的潜在分布与其所处的生态环境密不可分,本研究所采用的环境因子包括 4 类,分别为生物气候因子 19 个、地形因子 3 个、土地利用类型和植被覆盖度 2 个、土壤性质相关因子 35 个,共计 59 个环境因子。第一类,生物气候因子中的当前环境条件下的数据来源于 1960—1990 年全球各气象监测站,主要是与温度和降水相关联的月平均气候因子及其衍生因子共计 19 个(Fick et al.,2017);而未来气候因子数据来自于政府间气候变化专门委员会(Intergovernmental Panel on Climate Change,IPCC)第五次评估报告(fifth assessment report,AR5),其中包括了两个未来时间段(2041—2060 年;2061—2080 年)的 4 种典型浓度路径(representative concentration pathway,RCP 2.6、RCP 4.5、RCP 6.0 和 RCP 8.5)的气候数据。不同大气环流模式(general circulation model,GCM)可能会在不同地区产生模拟偏差(Wang et al.,2014),本研究区域范围主要位于我国华北地区,选取的大气环流模式为中国的 BCC-CSM1-1-m 模式。下载数据分辨率为 30 弧秒(约 1 km);第二类,地形因子(数据来源同 2.3.2 节),主要指海拔、坡度和坡向;第三类为土地利用类型和植被覆盖率,数据来源于 ISCGM(全球制图国际指导委员会);第四类,土壤性质因子,来源于 HWSD(世界土壤数据库);共包含 18 个表层土因子(0~30 cm)和 17 个底层土(30~100 cm)因子。上述 4 类环境因子共计 59 个,下载后需将各环境因子图层设置为统一的边界和分辨率,并将各图层文件转换成 ASCII 格式,用以分布模型建模。所有环境因子类别及其含义见附录 A。

3.3.7.4 模型的参数设置

本研究采用 Maxent(Version 3.3.3k)软件进行物种分布预测,整理好的物种分布记录数据、相关环境因子数据按研究范围裁切好后导入该模型,相关参数设置如下:首先,环境变量的种类设置为连续型(Continuous),勾选 Do jackknife to measure variable importance 和 Create response curves,即开启刀切法用以检测环境变量的重要性(柳晓燕 等,2016),并设置为绘制各个环境变量的响应曲线,以确定环境变量的适宜范围。每个物种设置其 25% 的出现记录为测试集(Random test percentage 设为 25),用来测试模型的精确度;物种记录数据的 75% 作为训练集进行预测模型的构建。最大迭代次数为 500,收敛阈值为 10~5,设置模型重复计算的次数为 10 次,保障模型预测的稳定性(Yu et al.,2013)。阈值规则的不同可能影响 Maxent 模型预测分布的范围,选择 10th percentile training presence 为阈值规则,可有效减少模型运行的噪声(Engler et al.,2013)。输出类型设置为 Logistic,表示分布概率为 0~1。文件类型设为 asc 格式,确保预测结果能够在 ArcGIS 软件中进行后续分析。其余参数均为软件默认值(Merow et al.,2013)。

3.3.7.5　模型精确度的评估

物种分布模型的模拟精度,除了环境因素之外,还决定于物种自身的生态特性(Thuiller et al.,2008)。一般具有较窄的生态幅和特定生境的物种,其生态位一般也相对较窄;因此,相应的环境耐受力相对较强的物种,则其模型预测的模拟精度往往也较高(David et al.,2002)。ROC(受试者工作特性曲线)曲线常用来作为评价指标,来分析预测效果;AUC 值(ROC 曲线下面积,一般为 0~1)可用来评判模型预测的准确度;AUC 值越大,表明模型中的环境因子与模型之间的相关性越大,预测效果越好,模型的准确度越高(Phillips et al.,2006;王运生等,2007)。AUC 值的大小不受阈值所限,可用于不同模型的比较和评价;模型预测的效果,可根据 AUC 值分级来反映:模型预测效果极好(AUC>0.9);预测效果好(AUC 在 0.8~0.9);预测效果一般(AUC 在 0.7~0.8);预测效果较差(AUC 在 0.6~0.7);预测结果不佳或失败(AUC<0.6)(姜建福 等,2014)。

3.3.7.6　生态环境适生区的划分

物种分布模拟的结果可以解释为生境适宜度,根据 2017 年 IPCC 第四次评估报告(fourth assessment report,AR4),物种的潜在适生区可分为 4 级。Maxent 模型的预测结果可由 ArcMap 转为栅格格式,每个栅格对应一个物种存在的概率 P(0~1),适生区的 4 个等级可由 P 值来进行划分:当 $P<0.05$,预测分布区为非适生区;P 在 0.05~0.33,分布区为低适生区;P 在 0.33~0.66,分布区为中适生区;P 在 0.66~1,则为高适生区。不同适生区的分布面积可由 ArcMap 的"Zonal statistics"工具计算获得。

3.3.7.7　垂直梯度上物种适生区面积统计

本研究采用将太行山区垂直梯度 3 个分区划分方式:低山区、中山区和亚高山区(高会 等,2018;Gao et al.,2018),以便于与前人的"三分区"生态系统类型和生态系统服务等比较研究。通过 ArcMap 的"Zonal statistics as table"工具,计算出 3 个分区物种潜在适生区的分布面积,以分析物种潜在分布在太行山区垂直梯度上的变化。

3.3.7.8　分布预测主导因子的选择

模型预测过程中,过度拟合的环境因子,对预测精确度具有负面影响(Elith et al.,2010),因此,为了降低环境变量之间的高相关性,根据不同环境因子之间的相关关系和生态学意义,结合 Pearson 相关性分析,以及不同因子在模拟过程中的贡献率大小,筛选出影响物种分布预测的主导环境因子。

3.3.7.9　物种潜在分布范围的模拟

依据垂直梯度样地调查和植物群落 TWINSPAN 分类结果,筛选出不同海拔梯度上 21 个优势物种,检索其在全国的分布记录,准备环境因子数据(附录 A),将整理好的物种分布记录分别投影到当前气候因子中,经模型计算分别获得物种在当前气候条件下的潜在分布。最后将潜在分布结果在 ArcMap 中用"Extract by mask"工具提取至太行山区研究范围,以便于进行下一步分析研究。

3.3.7.10　未来气候情景下的物种分布变化预测

为了研究太行山区植被在气候变化背景下的分布变化,本研究利用 Maxent 模型对 8 个未来气候条件下的优势物种潜在分布进行模拟。8 个未来气候条件分属于两个未来时间段(2041—2060 年,2061—2080 年)的 4 种不同典型浓度路径(RCP 2.6,RCP 4.5,RCP 6.0 和 RCP 8.5)。对物种未来潜在分布的模拟过程,基于地形因子、土壤因子等不变的假设,将物种分布记录投射到未来气候情景下,模拟其潜在分布,并计算不同时间区间和不同气候情景下的物种适生区在垂直梯度上的分布面积。

使用 Maxent 模型进行未来气候情景的物种分布预测过程中,使用 ROC 曲线对模型的可靠性和精确度进行评估。当 AUC>0.9 时,模拟精度达到极准确;当 AUC 在 0.8~0.9,模拟精度达到准确;当 AUC 在 0.7~0.8 时,模拟精度达到较准确程度。

3.3.8　物种虚拟生态位模拟与分析

本研究为了探讨太行山区植物物种在垂直梯度上的分布及其生态位特征,采取 Niche Analyst 工具集进行物种生态位模拟。Niche Analyst 是在 Java 平台上,基于哈钦森生态位理论开发的,根据物种在多维空间中占据的体积,来表示物种的虚拟生态位,并使之在环境空间中生成、分析和可视化,然后可以物种分布模型的形式投影到地理空间(Qiao et al.,2015)。

具体步骤如下:

(1)设计环境变量空间(Draw Background Cloud)。

(2)设计物种生态位(Create a virtual N)。

(3)保存生态位以备后续编辑。

(4)以不可编辑的形式保存生态位。

(5)导出物种生态位、物种分布等。

根据已有物种分布位点,投影到由两个主变量创建的 Background Cloud 中(bio1 和 bio12,即由年平均气温和年降水量构成的二维环境空间),创建该物种虚拟生态位,可了解该虚拟生态位在二维环境空间中的分布;导出该虚拟物种的发生率统计(Occurrence statistics),分析其背景、发生率和生态位随 bio1 和 bio12 的变化趋势。

3.3.9　数据分辨率与地理投影

本研究中所使用的 MODIS NDVI 数据,环境因素(气候、地形、土地覆被、植被覆盖度和土壤因子等共计 59 个因子),均采用统一的空间分辨率(1 km),其中除地形因子之外,其他数据均可直接获取分辨率为 30 弧秒的原始数据,地形数据需采取 ArcGIS 10.2 进行分辨率转换,最后所有数据均裁剪其覆盖区域为太行山区。投影统一采用 WGS84/Albers Equal Area。

3.4　研究方案

3.4.1　太行山区植物群落垂直分布和演替规律

(1)植物群落物种多样性垂直分异规律研究方案

在野外样地调查的基础上,获取垂直梯度上样方群落内的物种丰富度,包括群落物种的种类、数量、胸径、株高、郁闭度、盖度等指标,计算群落多样性相关指数,利用 Past、Origin 9.3、SPSS、Rstudio 等软件,计算并分析太行山区垂直梯度上的物种多样性格局;在此基础上,运用 PC-ORD 软件的 TWINSPAN 模块对群落进行双向指示种分类,统计该区低山区、中山区和亚高山区的优势群落和物种,探讨亚高山林线区域的建群种,为后续的群落演替和物种分布模拟研究奠定基础。

丰富度指数:

$$S = 样方内物种数 \tag{3.1}$$

香浓指数:

$$H' = -\sum_{i=1}^{S} P_i \ln P_i \tag{3.2}$$

式中,S 代表物种个数,P_i 为第 i 个物种占全部物种的比例。

(2)植物群落垂直梯度群落演替研究方案

基于垂直梯度样地调查数据,计算样地群落之间的 Cody 指数、Sørensen 指数和 Jaccard 指数等,其中,Sørensen 和 Jaccard 指数反映了群落或样方间物种的相似性。

Sørensen 指数:

$$S_i = \frac{2c}{a+b} \tag{3.3}$$

Jaccard 指数:

$$C_j = \frac{c}{a+b-c} \tag{3.4}$$

根据 Baselga(2010)的研究理论,群落 β 多样性可由物种内嵌、物种更替 2 种成分之和获得,表达式如下:

Søresen 指数:

$$\beta_{sor} = \beta_{sim} + \beta_{sne} = \frac{\min(b,c)}{a+\min(b,c)} + \frac{\max(b,c)-\min(b,c)}{2a+b+c} \times \frac{a}{a+\min(b,c)} \tag{3.5}$$

Jaccard 指数:

$$\beta_{jac} = \beta_{jtu} + \beta_{jne} = \frac{2\min(b,c)}{a+2\min(b,c)} + \frac{\max(b,c)-\min(b,c)}{a+b+c} \times \frac{a}{a+2\min(b,c)} \tag{3.6}$$

式中，β_{sim} 和 β_{jtu} 分别代表物种的更替成分；β_{sne} 和 β_{jne} 代表物种的内嵌成分；上述 2 种指数在应用中有类似之处。

采用 R 软件的"betapart"程序包，对太行山区垂直梯度的群落物种进行分析，计算 β 多样性指数，揭示垂直梯度群落演替的内在机制。

Cody 指数反映了环境梯度上群落物种的更替，在本研究中，该指数可反映植物群落在垂直梯度的物种替代格局。

Cody 指数：

$$\beta_c = \frac{g(H) + l(H)}{2} = \frac{a + b - 2c}{2} \tag{3.7}$$

式中，2 个相邻群落的物种数 (a, b)，其共有种为 c，$g(H)$ 和 $l(H)$ 代表了在此梯度上，群落增加和失去的物种数。

（3）太行山区植物多样性与土壤多样性的关系研究方案

生物多样性与土壤多样性在国家或地域尺度，被证明存在着显著的相关性（Ibáñez et al. , 2013），而植物物种已被证明可以作为估算一个地区生物多样性的合适替代参数。本部分研究，以太行山区北部河北省范围内的县域为研究单元，研究植物多样性与土壤多样性的关系，以分析影响植物多样性分布的因素。

本部分研究植物多样性相关参数同群落演替部分，并统计了研究区域的植物类群，包括：保护植物、濒危植物、特有植物以及所有维管植物。土壤多样性涉及的指数如下面所示：

Menhinick 指数：

$$M = \frac{S}{\sqrt{N}} \tag{3.8}$$

式中，S 为研究单元内的土壤类型数，N 为土壤类型的面积（Menhinick, 1964）。

土壤类型的香浓指数：

$$H = -\sum_{i=1}^{n} P_i \times \ln P_i \tag{3.9}$$

式中，P_i 代表了土壤类型 i 与土壤类型总数的比值（Margalef, 1972），n 代表第 n 种土壤类型。

土壤类型均匀度指数：

$$E = \frac{H}{H_{max}} \tag{3.10}$$

均匀度指数来源于香浓指数，H 为研究单元土壤类型的香浓指数，H_{max} 为所有单元 H 的最大值。E 的范围为 0～1。

本部分研究内容采用相关分析，分别研究了不同植物类群与土壤多样性的关系、植物和土壤类群与面积的相关性，运用排序法研究了影响两类多样性分布的环境因子。

（4）太行山区生态系统垂直分布格局研究方案

本部分研究仍以太行山区北部河北省范围内县域为研究单元，分别调查、统计了研究单元内的生态系统类型和相关环境因子,主要分析了太行山北部生态系统类型丰富度及其空间分布,运用排序法分析其空间分布的影响因素。

3.4.2　基于 MODIS 遥感影像的太行山区植被时空变化格局

植被指数可反映其生长和变化,应用植被指数,可实现在大区域范围、长时间序列上进行植被变化研究(王正兴 等,2003)。常见的植被指数有 NOAA/AVHRR-NDVI、MODIS-NDVI、MODIS-EVI 等。对比 EVI 和 NDVI 的应用特性后,本研究仍选取 MODIS NDVI 进行本节的植被分布研究。

(1)太行山区植被 NDVI 空间分布格局

本书拟采用当前的太行山区 MODIS NDVI 数据,研究垂直梯度上 NDVI 植被指数的变化,采用分段统计法研究不同海拔区段,即低山区、中山区和亚高山区(高会,2018)NDVI 的空间分布特征;经度尺度上,分析太行山区阳坡和阴坡植被 NDVI 的分布特征;纬度尺度上,比较分析太行山北段、中段和南段植被指数的变化。

(2)太行山区植被 NDVI 时间序列(2000—2015 年)变化格局

采用简单差值法计算植被 MODIS NDVI 在 2000—2015 年的浮动趋势,采取线性回归法,计算 NDVI 的变化趋势,斜率即为 NDVI 的变化趋势。

两期图像在像元尺度上计算其差值,可反映在此时段内的植被的直观变化。

$$S = \frac{\sum\limits_{i=1}^{N} x_i t_i - \frac{1}{N} \sum\limits_{i=1}^{N} x_i \sum\limits_{i=1}^{N} t_i}{\sum\limits_{i=1}^{N} t_i^2 - \frac{1}{N} (\sum\limits_{i=1}^{N} t_i)^2} \tag{3.11}$$

式中,S 为 NDVI 变化趋势,x_i 代表了 NDVI 在第 i 年的值,如 $S>0$,则说明植被 NDVI 呈增加趋势,反之则减少。N 代表第 N 年,t 表示时间。

基于气象台站的气温和降水等数据,根据遥感数据提取有效光合辐射等参数,运用 Pearson 相关系数法,来探讨 NDVI 与各参数的相关性,揭示影响太行山区植被时空变化的主导因素。

采用 Pearson 相关系数法,分析 NDVI 与环境因子的相关性。计算公式如下:

$$r_{xy} = \frac{\sum\limits_{i=1}^{N} (x_i - \bar{x})(y_i - \bar{y})}{\sqrt{\sum\limits_{i=1}^{N} (x_i - \bar{x})^2} \sqrt{\sum\limits_{i=1}^{N} (y_i - \bar{y})^2}} \tag{3.12}$$

式中,r_{xy} 为 x、y 两变量的相关系数,x_i 和 y_i 分别表示第 i 年 NDVI 和环境因子值;$\bar{x}$ 和 $\bar{y}$ 分别表示多年平均 NDVI 和多年平均环境因子值;N 为年数(16 年)。

为研究不同海拔梯度 NDVI 与环境因子之间的关系,在太行山区均匀地随机选择 1000 个样点,控制位点区域不重叠(以样点为圆心,画 3 km 为半径的圆,确保相邻位点不重叠)(李薇 等,2017),最终获得 739 个有效样点。根据样本区域海拔和 NDVI 的关系曲线分析 NDVI 的垂直变化。

（3）太行山区植被 NDVI 时空分布的影响因素

气候因素和地形因子对太行山区 NDVI 分布的影响研究方案，参照本节（1）和（2）部分；同时，同步提取样本区域内的气温、降水、坡度等环境信息，采用 CCA、DCA 等排序法，分析 NDVI 与各参数的关系，解释驱动 NDVI 垂直分布的主导因素。

3.4.3　基于生态位理论的垂直梯度群落优势物种适生区分布预测

（1）太行山区垂直梯度植物群落 TWINSPAN 数量分类

本节研究基于太行山中段垂直梯度的群落调查，统计出 23 个海拔梯度的物种种类及分布记录，以海拔梯度（样方）和物种记录，建立数据矩阵并在 PC-ORD 中进行 TWINSPAN 分类，将分类结果建立树状分类图，并基于此构建太行山区中段垂直梯度植被类型分类表。

（2）基于 Maxent 模型的太行山区垂直梯度优势物种适生区分布预测

生态位模型采取 Maxent 模型，根据太行山区垂直带关键区域的优势物种数据，基于北京植物研究所标本馆、河北师大植物标本馆、山西大学博物馆、河南农业大学博物馆等高校相关物种在太行山分布的记录，并基于 GBIF、NSII、CVH 等数据平台，检索太行山区垂直梯度上群落优势物种的相关物种的全国分布记录，基于 Maxent 模型模拟其分布格局。

（3）基于 Niche Analyst 模型的太行山区优势物种空间分布与生态位研究

基于上一研究内容的建模基础，去掉相关性过高的数据分布记录，参考土地利用类型、人为干扰等数据，采用 Niche Analyst 模型，建立物种在环境空间和地理空间的对应联系，依据生态位理论揭示物种分布的机制。

（4）未来气候情景下太行山区垂直梯度优势物种适生区分布变化研究

具体操作如下：

a. 调查和搜集物种分布点信息；

b. 搜集与这些物种分布相关的环境信息（实地调查信息、研究区内台站信息、从 https://worldclim.org/下载生物气候因子数据）；

c. 挑选与这些物种分布相关的环境信息；

d. 用 Maxent 建模，并分别映射到现在和未来气候中；

e. 计算未来和现在的映射中，物种分布格局相对于海拔的差异；

f. 得出结论。

对未来气候建模时，一般采用典型浓度路径 RCPs，根据 4 种温室气体浓度轨迹，即 RCP 2.6、RCP 4.5、RCP 6.0、RCP 8.5，模拟物种在未来 4 种情景下在一定空间的潜在分布区。本研究分别采用 2 个未来时间段（2041—2060 年，2061—2080 年）[①]的 4 种 RCPs，依据预测分布区，分析物种的变化趋势。

---

① 为方便，2041—2060 年用 2050 时间段表示，2061—2080 年用 2070 时间段表示。

第 4 章　太行山区植物群落垂直分布和演替规律

4.1　太行山区植物多样性垂直分布格局

　　基于太行山东坡中段海拔梯度上的群落样方调查,综合各项环境因素,运用群落生态学和数量分类学的研究方法,以太行山中段和北段垂直梯度上植物群落物种多样性的分布格局,了解群落演替的特征,分析影响物种分布的主导因素,解释植被和环境之间的关系,为山地生物多样性的保护和可持续利用提供理论支持,为脆弱山地生态系统的恢复重建提供科学依据。

4.1.1　植物多样性垂直分布特征

　　太行山区中段地带性植被以暖温带落叶阔叶林为主,由于总体海拔不足够高,尽管没有形成明显的植被垂直带谱,植物群落的结构和功能在海拔梯度上也存在较大差异。不同物种及其个体的多度,是形成差异的基础,因此,研究植物群落在海拔梯度上的结构和多样性分布具有重要意义。依据样方群落种群类别和密度,筛选出海拔梯度上群落优势物种:胡桃(*Juglans regia*)、荆条(*Vitex negundo* var. *heterophylla*)、酸枣(*Ziziphus jujuba* var. *spinosa*)、狭叶珍珠菜(*Lysimachia pentapetala*)、杨(*Populus simonii* var. *przewalskii*)、地榆(*Sanguisorba officinalis*)、油松(*Pinus tabuliformis*)、臭椿(*Ailanthus altissima*)、茜草(*Ailanthus altissima*)、旋覆花(*Inula japonica*)、白蔹(*Ampelopsis japonica*)、凤毛菊(*Saussurea japonica*)、委陵菜(*Potentilla chinensis*)、唐松草(*Thalictrum aquilegiifolium* var. *sibiricum*)、绣线菊(*Spiraea salicifolia*)和白莲蒿(*Artemisia stechmanniana*)。

　　由图 4.1 可以看出,随山地海拔升高,物种丰富度和植株密度出现明显波动。在海拔 100～900 m,物种丰富度基本呈逐渐升高趋势,海拔 900 m 处达到最大值;900～1100 m,物种数急剧降低,1100 m 达谷底;之后到海拔 1800 m,物种丰富度再次逐渐增加,1800 m 以上物种再次减少。从物种丰富度来看,与太行山北段的植物群落单峰分布的结论不同(马克平 等,1997),太行山中段群落物种多样性在海拔梯度上的分布更为复杂,但基本符合物种多样性垂直分布的"中间高度膨胀"理论(Whittaker et al.,1975)。

　　植物群落多样性的垂直格局,常用物种丰富度和 α 多样性来进行分析(张璐 等,

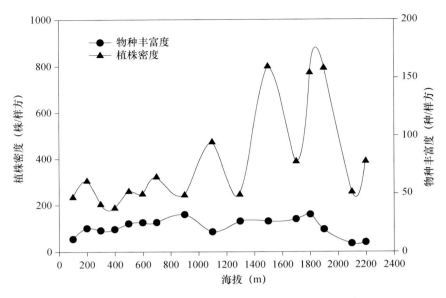

图 4.1　植物群落物种丰富度和植株密度的垂直分布

2005)。由图 4.2 可以看出，海拔梯度上群落 α 多样性与物种丰富度的分布具有相似的趋势：随海拔升高，群落 α 多样性先后在海拔 900 m 和 1800 m 左右出现峰值，表明植物群落在这两个区段具有较丰富的物种多样性。综合上述结果，太行山东坡中段物种多样性在海拔梯度上的分布，出现了不同于太行山北段地区的单峰格局（马克平 等，1997），呈现较为复杂的两次峰值的模式。

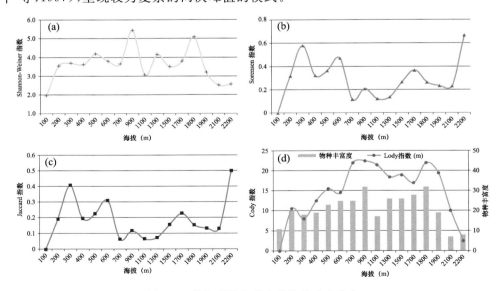

图 4.2　植物群落物种多样性的垂直分布

4.1.2　植物群落垂直演替规律

植物群落的 β 多样性常用来描述植物群落间的演替特征和动态变化,山地垂直梯度的群落相似程度,也可用 β 多样性指数来反映(方精云,2009)。如图 4.2 所示,随海拔升高,Sørensen 指数和 Jaccard 指数呈现基本一致的变化规律。在海拔 700～1200 m 和 1700～2000 m,相似性指数出现两个较低区间,表明这两个区间植物群落之间相似性较低,群落间差异显著,而反映出物种多样性更为丰富,这与图 4.1 和图 4.2 的结果相统一。

植物群落 β 多样性的测度也可用 Cody 指数来反映,该指数利用群落间物种种类和数量的变化,来反映群落物种组成沿环境梯度的替代速率(郝占庆 等,2001)。图 4.2 结果表明,Cody 指数的峰值出现在海拔 700～1200 m 和 1700～2000 m,意味着这两个区间植物群落物种更替速度更快,群落物种组成差异增大,物种多样性程度相应升高。本结果与朱珣之等(2005)最大物种丰富度出现在海拔 1500 m 不同,可能与太行山东坡中段海拔梯度的水热分布特征有关。

4.1.3　植物多样性垂直格局的影响因素

随海拔梯度升高,温度持续降低,而降水升高。植被净初级生产力随海拔梯度升高,出现与 Shannon-Wiener 指数类似的分布规律,分别在 700～900 m 和 1700～1800 m 出现两次峰值,这与太行山区产水量的垂直分布具有类似的规律(高会 等,2018)。

对植物群落香浓指数与 NPP 及环境因子进行偏相关分析,发现香浓指数与海拔呈负相关,与 NPP 和年平均气温均呈正相关;物种多样性与植被 NPP 显著正相关,表明高的物种丰富度可带来高生产力;香浓指数与年降水量相关性不明显(表 4.1)。

表 4.1　物种丰富度、Shannon-Wiener 指数与环境因子偏相关分析

参数		海拔	年降水量	年平均气温	NPP
物种丰富度	相关性	−0.060	0.014	−0.005	0.573
	显著性	0.824	0.959	0.987	0.020*
	df	14	14	14	14
Shannon-Wiener 指数	相关性	−0.154	−0.079	0.140	0.444
	显著性	0.568	0.772	0.604	0.085
	df	14	14	14	14

注：* 表示 $P < 0.05$ 水平上具显著性。

用 R 软件的“vegan”程序包对物种分布数据进行排序分析,发现物种分布的“axis lengths”在 3～4,因此可选用线性模型或单峰模型进行排序分析(Lepx et al.,2003)。本研究选用单峰模型(典范对应分析)排序方法分别对数据进行排序。

CCA 排序表明对物种分布影响程度较大且相关性高的环境因素包括年降水量、年均温和海拔。土壤钾含量和坡度对物种分布的影响程度最小。其中胡桃、荆条、杨等分布环境相似,凤毛菊、绣线菊、唐松草等分布环境相似。CCA 排序结果与

RDA 结果类似,印证了线性模型和单峰模型均适用于该区域物种分布的排序研究。

对 CCA 排序结果进行蒙特卡洛置换检验,分析环境因子对物种分布影响的显著性,结果如表 4.2 所示。从检验结果看,海拔、降水和温度对物种的分布影响最为显著,土壤因子中的碳、氮、磷含量、有机质含量和土壤孔隙度对物种分布的影响也较大。地形因子对太行山东坡中段群落物种分布的影响不显著。数量分类学排序结果与群落多样性分析结果一致,说明分类结果具有合理性。α 多样性和 β 多样性分布格局与排序结果具有一致性,也印证了排序分类结果的合理性。

表 4.2 CCA 排序结果蒙特卡洛显著性检验

参数	CCA1	CCA2	相关系数(R^2)	Pr
海拔	0.9612	−0.2731	0.9001	0.001***
温度	−0.9982	0.0598	0.7734	0.001***
降水	0.9994	−0.0336	0.7166	0.004**
坡度	0.8654	0.5012	0.2094	0.354
坡面	0.9719	−0.2353	0.3233	0.201
土壤全氮含量	0.9963	0.0861	0.5723	0.027*
土壤全磷含量	−0.9883	0.1526	0.3700	0.053
土壤钾含量	−0.8914	0.4532	0.1272	0.556
土壤碳含量	0.9949	0.1012	0.5720	0.026*
土壤孔隙度	0.9824	−0.1869	0.5891	0.019*

注:Pr 表示相关性的显著性检验;*** 表示 $P<0.001$ 水平上具显著性;** 表示 $P<0.01$ 水平上具显著性;* 表示 $P<0.05$ 水平上具显著性。

4.1.4 植物多样性分布与土壤多样性的关系

植物的物种多样性是可以用来估算一个地区生物多样性的总量;土壤多样性(即土壤类群丰富度)是一个根据地质、地貌和气候来解释环境异质性的参数,土壤类型常用来被作为其多样性的测量单位,当前正在受到越来越多的关注(Tennesen,2014)。生态学理论的基础是物种丰富度与生态栖息地大小之间的正相关关系,这意味着物种丰富度随着研究区域的增加而增加(Dengler,2009)。物种丰富度是描述群落结构和区域多样性最简单的路径,是群落结构和保护策略的生态学模型的基础。

研究表明,生物多样性与土壤多样性从不同尺度被认为是紧密相连的。在国家尺度上,生物多样性与土壤多样性之间存在着显著相关性(Ibáñez et al.,2013),而在其他较小尺度上二者之间的关系尚缺少足够的证据和报道。本研究以太行山区北段河北省境内的县域为例,探讨了植物多样性与土壤多样性在区域尺度上的关系。

4.1.4.1 植物多样性与土壤多样性的关系

基于太行山区北段的植物多样性和土壤多样性调查数据,运用统计产品与服务解决方案(statistical product and service solutions,SPSS)软件对两种多样性的关系进行了回归分析评估。回归曲线表明,植物群落的不同类群(包括总维管植物、特有植物、保护植物和濒危植物)与土壤丰富度的关系均符合指数方程,即随着土壤多样性的增加,植物多样性也随之增加(图 4.3)。结果表明,本研究中的维管植物、特有植物、保护植物和受威胁植物与土壤多样性的相关系数(R^2)分别为 0.65,0.67,0.65,0.61。研究还分析了研究区域内入侵植物与土壤多样性的关系,结果表明入侵植物与土壤多样性的关系不显著。

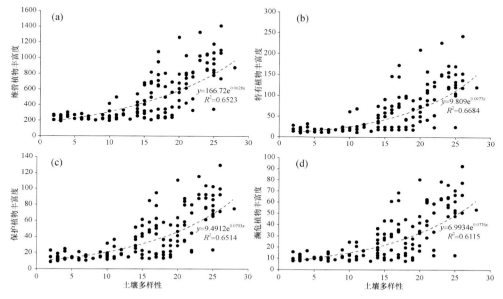

图 4.3 不同植物类群与土壤多样性之间的关系

研究表明,生物多样性和土壤多样性在不同尺度上可能具有相似的多样性分布格局。例如,在全球范围内,国家尺度上生物多样性和土壤多样性遵循幂函数(Ibáñez et al.,2013)。在本研究中,随着土壤多样性的增加,植物类群丰富度也随之增加,且最符合指数定律。其他植物类群如特有植物、保护植物和受威胁植物类群与土壤多样性的关系均符合指数规律,呈现出与维管植物一致的关系。因此,一定程度上,保护太行山区的土壤多样性对植物多样性的保护具有积极的促进作用。

4.1.4.2 植物多样性和土壤多样性的种—面积关系

运用 SPSS 软件"Curve estimate"中的 11 种模型对植物类群和土壤类群进行丰富度-面积相关性进行回归分析。结果表明(表 4.3),对数律函数最符合丰富度-面积关系,其次是幂律。结果表明,对数律函数的参数最符合县级分类区的关系,这与以往在同一尺度下的研究结果是一致的(Fu et al.,2018)。但在全球范围内,生物和土壤分类群与面积的关系大多符合幂曲线(Ibáñez et al.,2013)。在大的区域尺度上,土壤多样性区与地貌区之间的关系也遵循幂律(Toomanian et al.,2006)。最佳拟合符合维管植物类群面积关系($R^2 = 0.51$)。表 4.3 结果表明,其他植物类群(包括特有植物、保护植物和濒危植物)与面积的关系也符合对数规律。pedotaxa 面积的相关系数($R^2 = 0.40$)低于大多数植物类群面积关系,这意味着植物类群丰富度面积的关系比 pedotaxa 丰富度面积的关系更密切(图 4.4)。

表 4.3　植物多样性和土壤多样性的种类—面积曲线

类群	公式	R^2
土壤类型—面积	$S = 6.04\ln A - 27.27$	0.40
维管植物—面积	$S = 276.14\ln A - 1409.2$	0.51
特有植物—面积	$S = 44.01\ln A - 243.58$	0.43
保护植物—面积	$S = 23.82\ln A - 124.96$	0.40
濒危植物—面积	$S = 17.62\ln A - 93.07$	0.42

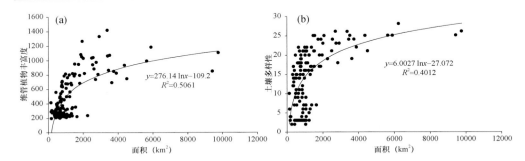

图 4.4　植物多样性和土壤多样性的丰富度—面积曲线

尽管生物多样性和土壤多样性及其驱动因素已经被探索了几十年(Fajardo et al.，2017)，关于生物多样性与土壤多样性之间关系的研究很少有不同规模的报道。事实证明，这两种多样性形式符合权力函数。在这项研究中，重点是在地貌异质性相对较高的县级，生物多样性与人口多样性的关系。结果表明，生物多样性和土壤多样性的丰富度—面积关系最符合对数规律，与以往的研究结果一致(Fu et al.，2018)。

植物类群的种—面积曲线相关系数为 0.59，而土壤类群的种—面积曲线相关系数为 0.43。表明 59% 和 43% 的植物丰富度和土壤类群丰富度的变化分别由该区域的面积来解释。其他植物类群(特有类群、入侵类群、保护类群和受威胁类群)的丰富度-面积关系也最符合对数定律来描述，但其相关系数小于在其他尺度上观测值。这意味着研究区域内影响因素的复杂性导致了生物多样性和土壤多样性的高度变化(Fu et al.，2018)。

4.1.4.3　植物多样性和土壤多样性分布的驱动因素

植物类群(包括总维管植物、特有植物、入侵植物、保护植物和受威胁植物)的丰富度、植物类群的 H_{max} 和 Gleason 指数与平均坡度呈显著正相关($R^2 = 0.83$)，而与年平均气温、年降水量、耕地及人口密度均呈负相关。这表明植物多样性随着坡度的增加而增加，随着人类活动的加剧而减少，这一点在 CCA 分析结果中也很明显。当县域面积 $>3000\ km^2$ 时，面积对土壤多样性的影响呈下降趋势。平均坡度是影响土壤多样性的主要因子，二者具有显著正相关($R^2 = 0.65$)。耕地比例和人口密度与土壤多样性呈显著负相关，相关系数分别为 -0.76 和 -0.64。可见，人为干扰显著影响了土壤多样性。

物种在自然生境中有特定的分布空间,一般其数量随栖息地面积的增加而增加。在本研究中,县域尺度的平均坡度和平均海拔对植物类群和土壤类群都有很强的正向影响,说明高海拔地区的植物类群和土壤类群丰富度高于平原地区。已有研究也表明,土壤多样性受地形的影响(Kooc et al.,2015)。土壤多样性越低,其生态系统的恢复能力也越低;因此,土壤多样性较高的太行山西部和北部地区,往往具有较高的生态恢复能力。农业耕作等人为活动显著影响土壤多样性(Tennesen,2014),偏相关分析表明,农田比例和人口密度与植物类群和土壤类群显著负相关,这表明人为因素降低了研究区域的生物多样性和土壤多样性。

4.2　太行山区垂直梯度生态系统分布格局

本节以太行山区北段河北省境内 28 个县(市)为代表区域,从生态系统型、纲、目、属、丛的空间分布,并分析了影响该区生态系统类型的环境因素。

4.2.1　生态系统类型空间分布特征

本研究基于《中国生态系统》和《中国植被》等文献的分类系统,探讨了太行山区北部县域生态系统类型的分布现状,结果表明(图 4.5):生态系统谱系中包括 2 个生态系统型、4 个生态系统纲、5 个生态系统目、10 个生态系统属、72 个生态系统丛;其中,"丛"的尺度上,太行山区分布最广的为落叶灌丛和落叶阔叶林,分布最少的为落叶针叶林和淡水水生植被生态系统;"属"的尺度上,落叶针叶林只含 1 种生态系统丛:华北落叶松林;常绿针叶林下分布最多的为侧柏林和油松林,落叶阔叶林下分布最多的丛为毛白杨林、刺槐林和蒙古栎林,落叶灌丛分布最广的为杭子梢、山葡萄和绣线菊灌丛,草丛生态系统分布最广的为白羊草草丛和黄背草草丛,这两类也是太行山区分布最广的两种生态系统丛,草甸和淡水水生植被在河北太行山区的分布较少。

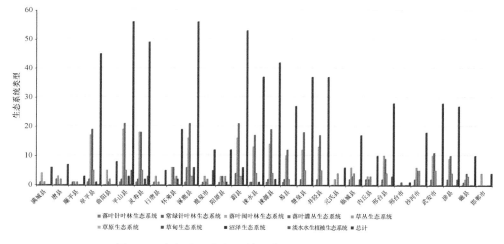

图 4.5　太行山区北段县域生态系统类型丰富度分布

4.2.2 太行山区北段生态系统空间分布的影响因素

对生态系统类型的分布及其环境因素进行 RDA 排序分析,结果表明,该区生态系统类型与年降水量、年平均气温和坡度均呈正相关,其中,年降水量对生态系统的影响最大;其次,植被净初级生产力(NPP)和植被 NDVI 也与生态系统类型分布呈正相关,表明植被随植被覆盖度增加有利于生态系统类型的空间分布。人口密度、人类足迹、人类影响指数和海拔,对生态系统类型的空间分布具有负相关关系,其中人口密度对生态系统空间分布的抑制最大。说明,随着人类干扰程度的增加,生态系统类型有减少的趋势;此外,海拔对生态系统类型的空间分布也有轻微的抑制作用。

第5章 太行山区植被 NDVI 时空变化格局

5.1 植被 NDVI 空间分布格局

5.1.1 2000—2015 年太行山区植被 NDVI 空间分布

本研究基于 2000—2015 年太行山区的植被 NDVI 数据,分析了其多年平均值的空间分布格局(图 5.1)。结果表明,太行山区植被 NDVI 空间分布具有如下特征:总体上中、南段植被 NDVI 优于北段,其中 NDVI 最高值位于太行山区的西南边缘地带,此外,山西省和河南省范围内的太行山区中段植被 NDVI 也较高;而 NDVI 的低值区散布在太行山区的北段和东南局部地区,河北省和北京市辖区内的植被 ND-VI 均偏低,仅在北段的小五台山和中段的驼梁自然保护区等地有较高分布。

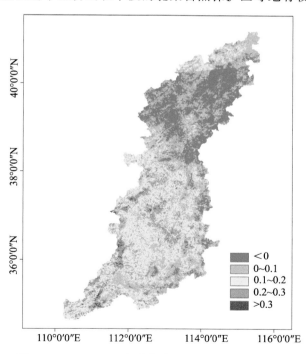

图 5.1 2000—2015 年太行山区 NDVI 空间分布格局

5.1.2 太行山区不同海拔梯度植被 NDVI 的空间分布

根据太行山区垂直梯度生态系统类型及生态系统服务功能,从垂直梯度上分为 3 个区域:低山区、中山区和亚高山区(图 5.2)。本研究沿用此划分方法,从 3 个垂直分区探讨植被在垂直梯度上的空间分布格局(高会 等,2018)。

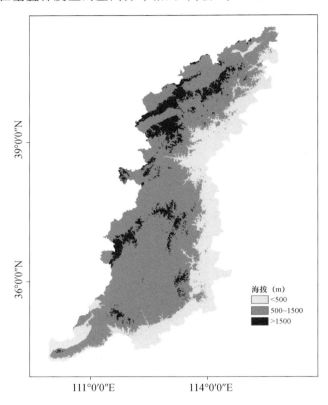

图 5.2 太行山区垂直梯度三分区空间分布

太行山区 2000—2015 年多年植被 NDVI 平均值为 0.66(表 5.1),其中,2000 年平均 NDVI 值为 0.59,至 2015 年 NDVI 平均值升至 0.70。从 NDVI 空间分布来看,低山区、中山区和亚高山区呈现不同的分布格局。从垂直梯度来看,低山区植被 NDVI 最低,而亚高山区最高,中山区 NDVI 略高于低山区。表明太行山区植被从低海拔到高海拔,植被状况逐渐优化。其中,2000—2015 年低山区植被 NDVI 平均值为 0.64,16 年增长幅度为 0.1;中山区 NDVI 多年平均值为 0.65,略高于低山区平均 NDVI 值,2000—2015 年增长幅度为 0.15,说明 16 年来太行山区中山区植被恢复程度高于低山区;亚高山区多年 NDVI 平均值为 0.68,2000—2015 年增长幅度为 0.08,表明亚高山区的植被恢复最为缓慢。

表 5.1　2000—2015 年太行山区不同海拔梯度植被 NDVI 平均值

年份	低山区 NDVI (<500m)	中山区 NDVI (500～1500 m)	亚高山区 NDVI (>1500 m)	平均值
2000	0.58	0.57	0.64	0.59
2001	0.68	0.67	0.60	0.65
2002	0.60	0.60	0.65	0.62
2003	0.64	0.63	0.68	0.65
2004	0.64	0.63	0.67	0.65
2005	0.61	0.60	0.66	0.62
2006	0.61	0.61	0.65	0.62
2007	0.62	0.63	0.67	0.64
2008	0.66	0.65	0.69	0.67
2009	0.63	0.63	0.69	0.65
2010	0.67	0.67	0.71	0.68
2011	0.67	0.68	0.71	0.69
2012	0.68	0.68	0.71	0.69
2013	0.66	0.68	0.73	0.69
2014	0.68	0.70	0.74	0.71
2015	0.67	0.72	0.72	0.70

5.1.3　太行山区垂直梯度植被 NDVI 年际变化

由图 5.3 可以看出,2000—2015 年太行山区低山区和中山区植被 NDVI 总体呈上升趋势,2000—2001 年低山区、中山区 NDVI 突然升高,而至 2002 年又急剧降低,通过查阅历史时期太行山区的生态建设工程,发现自 1999 年起,针对太行山区周边实施了"退耕还林还草工程";2001 年又实施了"京津风沙源治理工程",山区生态环

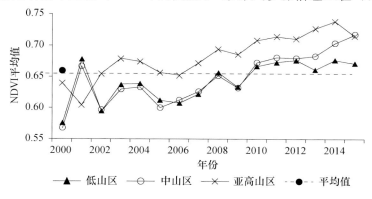

图 5.3　太行山区垂直梯度植被 NDVI 的年际变化

境建设工程的开展,短期内大大提升了低山区、中山区的植被覆盖度,植被 NDVI 的急剧提升。

图 5.3 显示,2002 年植被 NDVI 呈急剧降低趋势;2011 年之后,低山区和中山区 NDVI 超过多年平均值,尤其是中山区植被 NDVI 出现较大幅度的持续提升。2002—2007 年,亚高山区 NDVI 值均保持在多年平均值上下浮动,自 2007 年之后,NDVI 呈现持续稳定升高趋势。由此可见,山区生态环境的恢复需要一个长期的过程。

5.2 NDVI 时间序列分布格局

5.2.1 2000—2015 年太行山区植被 NDVI 的空间分布变化

分别比较了 2000 和 2015 年太行山区植被 NDVI 的空间分布,由图 5.4 可知,与 2000 年相比,2015 年太行山区植被 NDVI 在西南部有了较大改善,NDVI 显著升高,而在太行山区中部东坡边缘地带,植被指数显著降低;山区西北部,植被的 NDVI 也有较明显的降低。

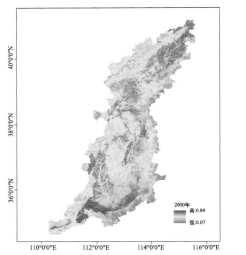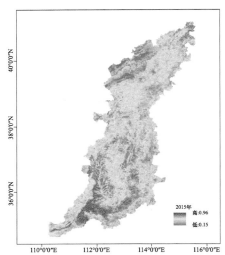

图 5.4 2000—2015 年太行山区植被 NDVI 空间分布对比

5.2.2 太行山区 NDVI 的年际变化

对 2000—2015 年 16 期影像进行了植被 NDVI 平均值的计算,结果由图 5.5 可知,太行山区植被 NDVI 在过去 16 年的时间尺度上呈现上升趋势,表明太行山植被近十几年有逐渐好转的趋势。

5.3 太行山区植被 NDVI 变化的驱动因素

5.3.1 气候因素对 NDVI 变化的影响

2000—2015 年,太行山区的年平均降水量和年平均气温呈现不均匀波动,年平

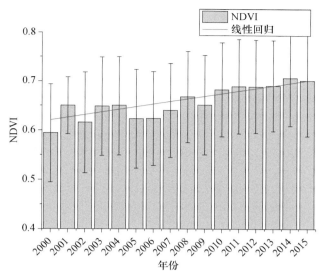

图 5.5　2000—2015 年太行山区植被平均 NDVI 的年际变化

均降水量略有升高,而年平均气温则略有降低的趋势。从空间尺度上,太行山区东南部降水较高,年平均降水量可达 600 mm 左右;太行山区东北部年平均降水最低,年平均降水量不足400 mm,该区域也是平均植被 NDVI 较低的区域。年平均气温在太行山区南部、东南部较高,最高年平均气温可达 14 ℃;西北部气温最低,最低仅为 6 ℃左右(图 5.6、图 5.7)。

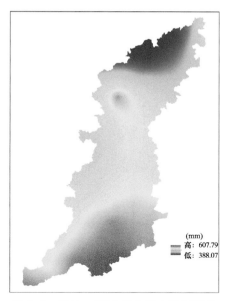

图 5.6　2000—2015 年太行山区年平均
降水量空间分布

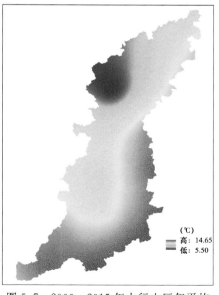

图 5.7　2000—2015 年太行山区年平均
气温的空间分布

为了研究 NDVI 对气候因素变化的响应,在太行山区随机选取 1000 个样点,并提取相同位点的气候因子数值进行回归分析。随温度的升高,太行山区植被 NDVI 变化趋势先升高再降低,年平均气温为 11 ℃ 左右,NDVI 升高最为明显(图 5.8)。年平均气温＞11 ℃,NDVI 变化趋势逐渐降低。总体来看,年平均气温＜10 ℃ 时,NDVI 变化也较低,表明植被恢复一定程度上受到低温的抑制。NDVI 变化趋势随年均降水的增加而上升(图 5.9),在年平均降水量为 500～550 mm 时,NDVI 上升最为明显。年平均降水量＞550 mm 时,植被 NDVI 变化趋势逐渐降低,而年平均降水量＜500 mm 时,NDVI 变化趋势也较低。

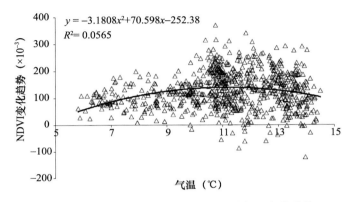

图 5.8　太行山区植被 NDVI 随年平均气温变化趋势

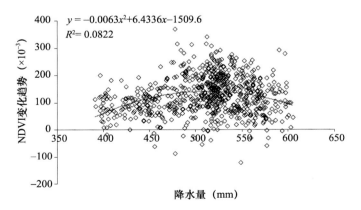

图 5.9　太行山区植被 NDVI 随年平均降水量变化趋势

5.3.2　人为因素对 NDVI 变化的影响

本节研究了人类干扰因素对太行山区植被 NDVI 变化的影响。由图 5.10 可知,植被 NDVI 随人口密度的升高而呈现下降趋势,大部分随机取样点的人口密度＜500 人/km²,NDVI 升高较明显的范围主要集中在人口密度＜200 人/km² 的区域。

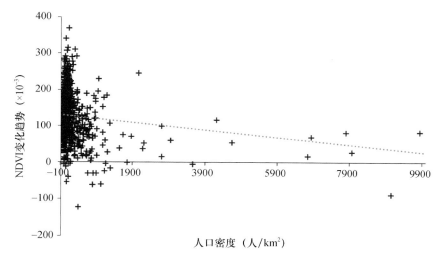

图 5.10　太行山区植被 NDVI 随人口密度变化趋势

5.3.3　地形因子对 NDVI 变化的影响

本节分析了地形因子对 NDVI 变化的影响。由图 5.11 可知,植被 NDVI 在海拔梯度上先升后降,在海拔 1000 m 左右,NDVI 达到最高值。从图中可以看出,海拔范围在 500~1500 m 的中山区,也是 NDVI 变化趋势的高值区,表明太行山区的植被恢复趋势集中体现在中山区,这与遥感影像分析的结果一致。从垂直梯度的 NDVI 变化格局比较而言,亚高山区的 NDVI 上升趋势最低,而从 NDVI 平均值来看,亚高山区的 NDVI 值最高,表明 2000—2015 年太行山区亚高山区的植被受到较低干扰,植被保持持续稳定小幅提升。

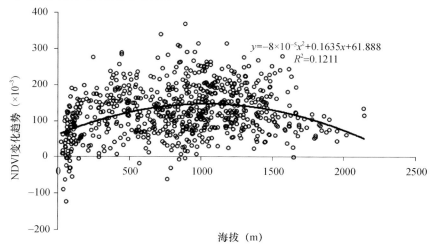

图 5.11　太行山区植被 NDVI 随海拔变化趋势

　　太行山区随海拔上升,其坡度有增加的趋势(图 5.12)。从随机取样点分布来看,中等坡度(7°～20°)主要集中在中山区范围内。2000—2015 年 NDVI 随坡度增加先升高(图 5.13),5°～15°升高最为明显,15°～25°NDVI 也有较明显的升高,坡度大于 25°,NDVI 变化趋势逐渐降低,可见,多年来植被 NDVI 在坡度 5°～25°范围内恢复最为明显,即 NDVI 恢复主要集中在中等坡度的山区。研究发现,太行山区多年来 NDVI 变化趋势与坡向的关系不显著。

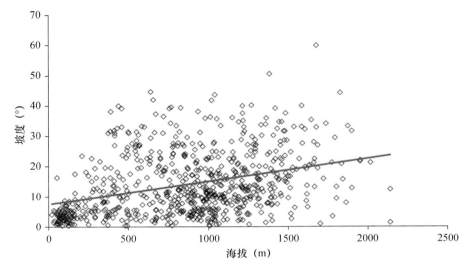

图 5.12　太行山区坡度随海拔的变化趋势

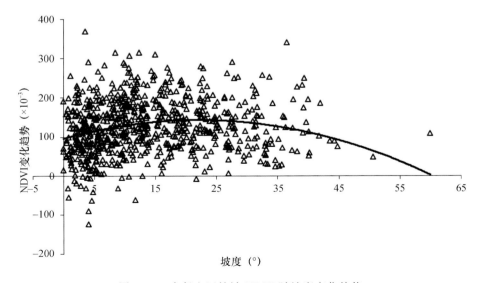

图 5.13　太行山区植被 NDVI 随坡度变化趋势

5.3.4　影响太行山区植被 NDVI 变化的环境因子 CCA 排序

在 ArcGIS 10.2 软件中,对太行山区随机取样,提取样点的植被 NDVI 多年平均值、NDVI 变化趋势以及气候、地形和人为影响因素等值,设置相邻取样点间距离≥3 km 为半径的圆,并筛除空值数据。应用 Canoco 5.0 对最终筛选出的 739 个随机样点的提取值进行 CCA 排序分析,研究影响 NDVI 变化的因素,结果如图 5.14 所示,环境因子中坡度、海拔、降水、温度和坡向均与植被 NDVI 呈正相关,其中坡度的影响最大;其次,海拔、降水和温度也是正向驱动因素,坡向对 NDVI 空间分布的影响不大;人类影响指数、人类足迹、人口密度与植被 NDVI 均呈负相关,其中人口密度对 NDVI 的抑制最为显著。

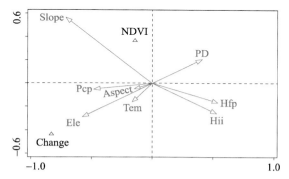

图 5.14　太行山区植被 NDVI 空间分布与环境因子的 CCA 排序

(NDVI:归一化植被指数;Change:NDVI 变化趋势;Slope:坡度;Aspect:坡向;Ele:海拔;
Pcp:降水;Tem:温度;PD:人口密度;Hfp:人类足迹;Hii:人类影响指数)

影响 2000—2015 年太行山区 NDVI 空间分布变化趋势的因素如图 5.14 所示,海拔、降水、温度以及坡度促进 NDVI 的升高,其中气候因素中降水对 NDVI 升高的影响略高于温度,表明总体上太行山区植被优化仍受水分的主导。地形因子中,海拔对 NDVI 升高的影响最大,而坡度则通过间接影响气候因素(主要是降水),对 NDVI 的升高依然起着重要作用。人为影响因素均抑制了 NDVI 的变化趋势,其中,人口密度为主导抑制因素,而人类影响指数和人类足迹对 NDVI 的变化趋势具有相似的抑制作用。

2000—2015 年太行山区的平均降水略有升高,这对植被恢复具有积极的促进作用,而太行山区多年的平均气温略有下降,这对植被恢复是不利的。年平均降水的升高对植被的促进作用远高于年均气温降低所带来的抑制效应,因此太行山区总体植被 NDVI 呈现出持续回升的趋势。

第6章　太行山区垂直梯度群落优势物种适生区分布预测

6.1　太行山区垂直梯度植物群落 TWINSPAN 数量分类

本研究基于太行山区中段垂直梯度群落样方调查的物种分布数据,采取双向指示种群落分类方法,在 PC-ORD 5.0 软件中进行分析。其中的参数设置:假种削减水平分为 5 级:0,2,5,10,20,每级划分允许的指示种数最多为 5 个,允许分级水平最大为 6,每一划分等级的物种数最小值为 5(5 以下不再划分),最后列表允许的最大物种数为 200。

对太行山区中段 23 个海拔梯度,39 块样地,共计 214 个样方(包括乔木层 23 个、灌木层 74 个和草本层 117 个样方)调查的物种分布数据进行数量分类处理。为了便于分别筛选出不同海拔梯度的群落优势物种,依据样方群落数据,分别对垂直梯度上样方群落内的乔木、灌木和草本植物进行双向指示种数量分类。

6.1.1　乔木群落 TWINSPAN 数量分类

调查群落样地中乔木层样方共计 23 个,记录到的乔木种类共计 25 种。以海拔梯度和乔木物种的出现记录建立矩阵,并进行在 PC-ORD 中进行 TWINSPAN 群落分类,结果如图 6.1 所示;结果显示,图的下方和右方,分别为样方、物种的分化水平及类型。图 6.2 的结果,则代表了与 TWINSPAN 分类结果相对应的树状图,划分出的群落在其下方列出。

第一次划分($D1$)的对象为太行山区中段垂直梯度乔木群落的全部样地,依据指示种海拔梯度 1700 m(＋)和 1900 m(＋)将其划分为槲栎-柳-青杨群落和 22 个样地。

第二次划分($D2$)的对象是第一次划分出的 22 个样地部分,依据的指示种为海拔梯度 1300 m(＋)、1100 m(＋)、700 m(－)和 500 m(－)。划分出的两部分包括 7 个样地和 15 个样地。

第三次划分($D3$)的对象是第二次划分出来的 7 个样地部分,依据的指示种为海拔梯度为 300 m(＋),将其划分为刺槐-栾树群落和 5 个样地。

第四次划分($D4$)的对象是第二次划分出来的 15 个样地部分,依据的指示种为海拔梯度 2200 m(－)、2100 m(－)和 1900 m(－)。划分出的部分包括 11 个样地和白桦—华北落叶松群落。

```
                    2  2 1  12  1111   1222111
                 45374561923834782610 12059
    6   1700   -----------------------1-3   1
    5   1900   -----------------------1-    1
   23    200   ---121-------------------0111
   20    500   ---2--1------------------0111
   19    700   2111---------------------0111
   14   1200   ----4--------------------0111
   22    300   1----3-------------------0110
   21    300   ------32-----------------0110
   16   1000   ----2---------3--2-------010
    7   1600   ----2-------5-3----------0011
    4   1900   -----------3--3----------0011
    3   2000   -----------4-------------0011
    2   2100   ----------32-------------0011
    1   2200   ----------3--------------0011
   10   1400   ---------3--------2------0010
   18    800   ----------3-1--3---------00011
   15   1100   -------2--1-3--1-2-------00011
   13   1200   --------5---22-----------00011
   12   1300   --------2----------------00010
   11   1300   -------23153-------------00010
   17    900   -------------13-2-1------0000
    9   1500   -------------4-----------0000
    8   1500   -------------41----------0000

          0000000000000000000000111
          000000011111111111111111
          000001100001111111111111
          00111    00000111111
```

图 6.1　垂直梯度乔木层群落 TWINSPAN 分类结果

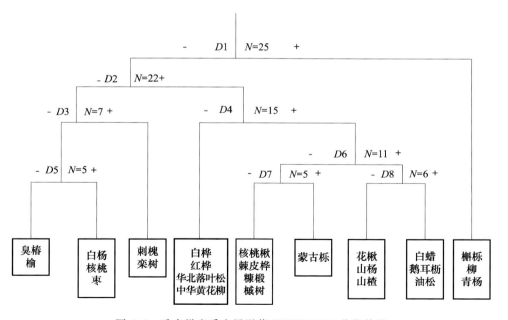

图 6.2　垂直梯度乔木层群落 TWINSPAN 分类结果

第五次划分(D5)的对象是第三次划分出来的 5 个样地部分,依据的指示种海拔梯度为 200 m(＋)。划分出的部分包括臭椿—榆群落和白杨—核桃—枣群落。

第六次划分(D6)的对象是第四次划分出来的 11 个样地部分,依据的指示种海拔梯度为 1300 m(－),划分出的两部分包括 5 个样地和 6 个样地。

第七次划分(D7)的对象,是第六次划分出来的 5 个样地,依据的指示种海拔梯度为 1300 m(－),划分出两个群落分别为核桃楸—棘皮桦—糠椴—槭树群落和蒙古栎群落。

第八次划分(D8)的对象是第六次划分出来的 6 个样地,依据的指示种海拔梯度为 1500 m(－)和 1200 m(－),划分出的两个群落为花楸—山杨—山楂群落和白蜡—鹅耳枥—油松群落。

6.1.2 灌木群落 TWINSPAN 数量分类

在垂直梯度上共设置灌木样方 74 个,记录到的灌木种类共计 44 种。以海拔梯度和灌木物种的出现记录建立矩阵并进行 TWINSPAN 分类,结果如图 6.3 所示;图6.4 代表了与分类结果相对应的树状图,灌木群落分类结果在下方列出。

第一次划分(D1)的对象为太行山区中段垂直梯度上灌木群落的全部样地,依据的指示种为海拔梯度 700 m(－),将其划分为花椒群落和 43 个样地。

第二次划分(D2)的对象是第一次划分出的 43 个样地部分,依据的指示种为海

```
                  2   2  1  12  1111    1222111
               45374561923834782610120 59

   6    1700    --------------------------1-3    1
   5    1900    --------------------------1-     1
  23    200     ---121--------------------      0111
  20    500     ---2--1-------------------      0111
  19    700     2111----------------------      0111
  14    1200    ----4---------------------      0111
  22    300     1----3--------------------      0110
  21    300     ----32--------------------      0110
  16    1000    ----2--2-3----------------      010
   7    1600    ---------5-3--------------      0011
   4    1900    ---------3--3-------------      0011
   3    2000    ----------4---------------      0011
   2    2100    ---------32---------------      0011
   1    2200    ---------3-2--------------      0011
  10    1400    --------3--------2--------      0010
  18    800     -----------3--1--3-------      00011
  15    1100    --------2--1-3--1-2------      00011
  13    1200    -----------5--22---------      00011
  12    1200    -----------2-------------      00010
  11    1300    --------23153------------      00010
  17    900     ------------13-2-1-------      0000
   9    1500    ---------------4---------      0000
   8    1500    --------------41-----       0000

               0000000000000000000000111
               0000000111111111111111
               000001100001111111111111
               00111      00000111111
```

图 6.3　垂直梯度灌木群落 TWINSPAN 分类结果

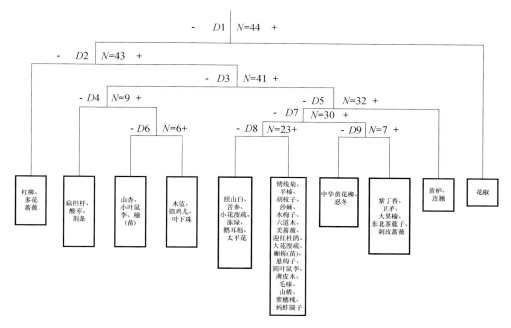

图 6.4　垂直梯度灌木群落 TWINSPAN 分类结果示意图

拔梯度 500 m(—)。划分出的 2 部分包括杠柳—多花蔷薇群落和 41 个样地。

第三次划分(D3)的对象是第二次划分出的 41 个样地部分,依据的指示种为海拔梯度 1000 m(—)和 300 m(—),划分出的 2 部分为 9 个样地和 32 个样地。

第四次划分(D4)的对象是第三次划分出的 9 个样地,依据的指示种为海拔梯度 300 m(—),划分出的两部分为扁担杆—酸枣—荆条群落和 6 个样地。

第五次划分(D5)的对象是第三次划分出的 32 个样地,依据的指示种为海拔梯度 600 m(—)和 1500 m(—),划分出的两部分为黄栌—连翘群落和 30 个样地。

第六次划分(D6)的对象是第四次划分出的 6 个样地,依据的指示种为海拔梯度 900 m(+),划分出的两部分为山杏—小叶鼠李群落和木蓝—锦鸡儿群落。

第七次划分(D7)的对象是第五次划分出的 30 个样地,依据的指示种为海拔梯度 1900 m(+)、2200 m(+)和 800 m(—),划分出的两部分为 23 个样地和 7 个样地。

第八次划分(D8)的对象是第七次划分出的 23 个样地,依据的指示种为海拔梯度 1000 m(—)、1100 m(+)、1200 m(+)和 1600 m(+),划分出的两部分分别为照山白—小花溲疏群落和绣线菊—六道木群落。

第九次划分(D9)的对象是第七次划分出的 7 个样地,依据的指示种为海拔梯度 2100 m(—),划分出的两部分为中华黄花柳—忍冬群落和紫丁香—卫矛—大果榆—东北茶藨子—刺玫蔷薇群落。

6.1.3 草本群落 TWINSPAN 数量分类

在垂直梯度上共设置草本样方 117 个,记录到的草本物种种类共计 164 种。以海拔梯度(P1~P39)和草本物种的出现记录(S1~S164)建立矩阵并进行 TWINSPAN 分类,结果如图 6.5 所示;图 6.6 代表了与 TWINSPAN 分类结果相对应的树状图,划分出的草本群里在下方列出。

第一次划分(D1)的对象为太行山区中段垂直梯度上草本群落的全部样地,依据的指示种为海拔梯度 100 m(＋)和 400 m(＋),将其划分为两部分 145 个样地和 19 个样地。

第二次划分(D2)的对象为第一次划分出的 145 个样地,依据的指示种为海拔梯度 700 m(－)和 500 m(－),将其划分为 28 个样地和 117 个样地。

第三次划分(D3)的对象为第一次划分出的 19 个样地,依据的指示种为海拔梯度 100 m(－),将其划分为 9 个样地和 10 个样地。

第四次划分(D4)的对象为第二次划分出的 28 个样地,依据的指示种为海拔梯度 300 m(＋)和 600 m(＋),将其划分为两部分 20 个样地和 8 个样地。

第五次划分(D5)的对象为第二次划分出的 117 个样地,依据的指示种为海拔梯度 2200 m(＋)和 1800 m(＋),将其划分为 80 个样地和 37 个样地。

第六次划分(D6)的对象为第三次划分出的 9 个样地,依据的指示种为海拔梯度 400 m(－),将其划分为两部分 6 个样地和车前—萝摩群落。

第七次划分(D7)的对象为第三次划分出的 10 个样地,依据的指示种为海拔梯度 300 m(－),将其划分为蒲公英群落和 9 个样地。

第八次划分(D8)的对象为第四次划分出的 20 个样地,依据的指示种为海拔梯度 700 m(－)和 200 m(＋),将其划分为 9 个样地和 11 个样地。

第九次划分(D9)的对象为第四次划分出的 8 个样地,依据的指示种为海拔梯度 600 m(－)和 700 m(－),将其划分为狭叶珍珠菜—竹叶子群落和 5 个样地。

第十次划分(D10)的对象为第五次划分出的 80 个样地,依据的指示种为海拔梯度 1400 m(－)和 1600 m(－),将其划分为 21 个样地和 59 个样地。

第十一次划分(D11)的对象为第五次划分出的 37 个样地,依据的指示种为海拔梯度 2200 m(＋)、1800 m(＋)和 2100 m(－),将其划分为 28 个样地和 9 个样地。

第十二次划分(D12)的对象为第六次划分出的 6 个样地,依据的指示种为海拔梯度 300 m(－),将其划分为牻牛儿苗群落和 5 个样地。

第十三次划分(D13)的对象为第七次划分出的 9 个样地,依据的指示种为海拔梯度 400 m(－),将其划分为薄荷-苍耳-旋覆花群落和 6 个样地。

第十四次划分(D14)的对象为第八次划分出的 9 个样地,依据的指示种为海拔梯度 1200 m(＋),将其划分为 8 个样地和菟丝子群落。

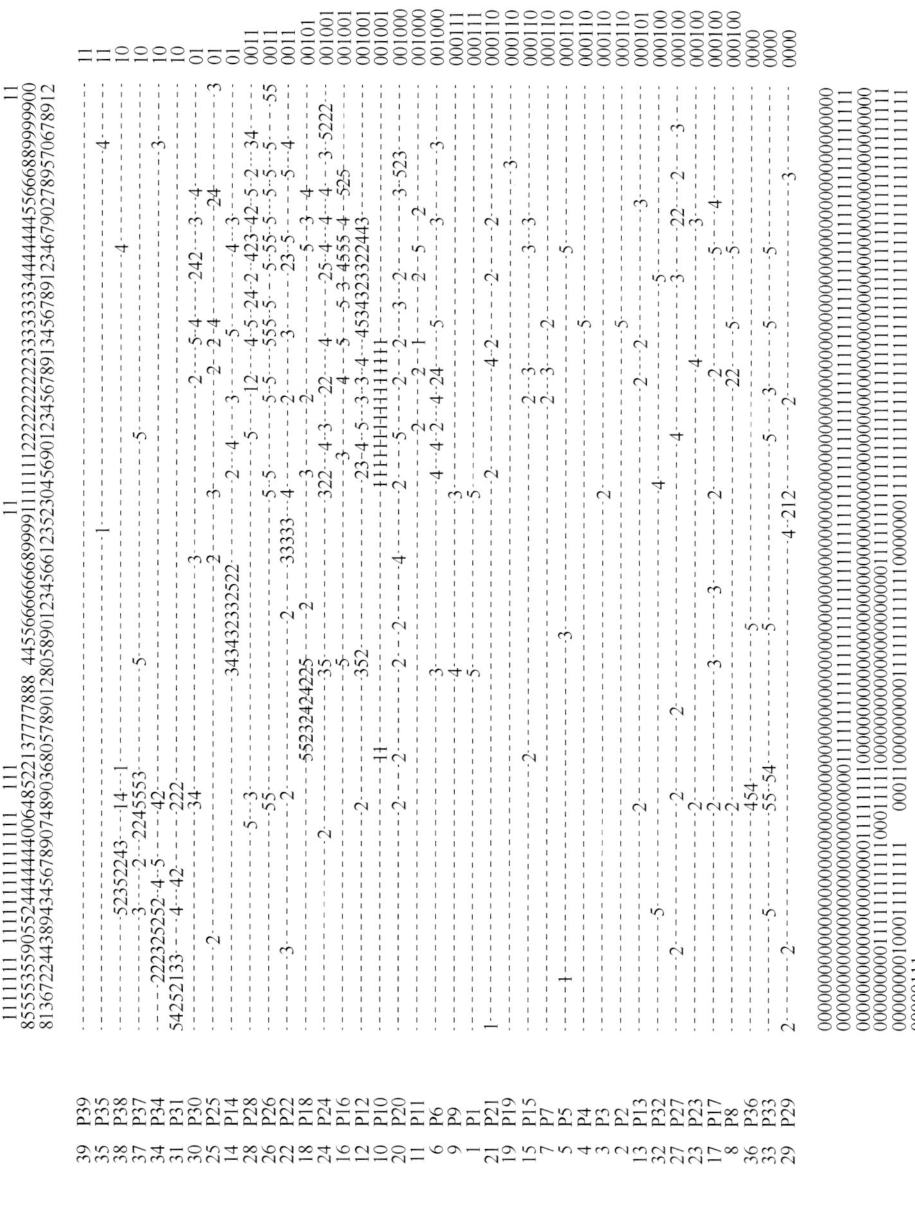

图6.5　垂直梯度灌木群落TWINSPAN分类结果

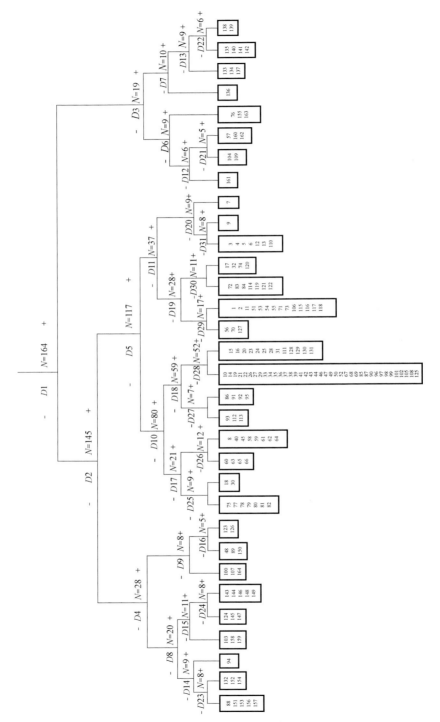

图6.6　垂直梯度草本群落TWINSPAN分类结果

第十五次划分(D15)的对象为第八次划分出的 11 个样地,依据的指示种为海拔梯度 200 m(＋),将其划分为蝙蝠葛—蝎子草群落和 8 个样地。

第十六次划分(D16)的对象为第九次划分出的 5 个样地,依据的指示种为海拔梯度 700 m(－),将其划分为中华茜草—抱茎小苦荬—白蔹群落和地梢瓜—鸦葱群落。

第十七次划分(D17)的对象为第十次划分出的 21 个样地,依据的指示种为海拔梯度 1600 m(＋),将其划分为 9 个样地和 12 个样地。

第十八次划分(D18)的对象为第十次划分出的 59 个样地,依据的指示种为海拔梯度 1200 m(－)和 800 m(－),将其划分为 7 个样地和 52 个样地。

第十九次划分(D19)的对象为第十一次划分出的 28 个样地,依据的指示种为海拔梯度 1900 m(－)和 1600 m(－),将其划分为 17 个样地和 11 个样地。

第二十次划分(D20)的对象为第十一次划分出的 9 个样地,依据的指示种为海拔梯度 1600 m(＋),将其划分为 8 个样地和藜芦群落。

第二十一次划分(D21)的对象为第十二次划分出的 5 个样地,依据的指示种为海拔梯度 200 m(－),将其划分为葎草—黄花蒿群落和白茅—芦苇群落。

第二十二次划分(D22)的对象为第十三次划分出的 6 个样地,依据的指示种为海拔梯度 100 m(－),将其划分为节节草—野慈姑—泽泻群落和绶草—鸭跖草群落。

第二十三次划分(D23)的对象为第十四次划分出的 8 个样地,依据的指示种为海拔梯度 500 m(＋),将其划分为一把伞天南星—白屈菜群落和野蓟—龙牙草群落。

第二十四次划分(D24)的对象为第十五次划分出的 8 个样地,依据的指示种为海拔梯度 500 m(－),将其划分为中华卷柏—紫花地丁群落和白花碎米芥—地黄群落。

第二十五次划分(D25)的对象为第十七次划分出的 9 个样地,依据的指示种为海拔梯度 1800 m(＋),将其划分为草木樨—大花益母草群落和大籽蒿—野菊群落。

第二十六次划分(D26)的对象为第十七次划分出的 12 个样地,依据的指示种为海拔梯度 1600 m(＋),将其划分为灰绿藜—疏毛女娄菜—柱果铁线莲群落和马先蒿—青蒿群落。

第二十七次划分(D27)的对象为第十八次划分出的 7 个样地,依据的指示种为海拔梯度 800 m(－),将其划分为三籽两型豆—草问荆群落和大油芒—尼泊尔蓼—日本续断群落。

第二十八次划分(D28)的对象为第十八次划分出的 52 个样地,依据的指示种为海拔梯度 2000 m(＋),将其划分为铁线莲—苍术—花锚群落和柴胡—翠雀—华北蓝盆花群落。

第二十九次划分(D29)的对象为第十九次划分出的 17 个样地,依据的指示种为海拔梯度 1900 m(＋),将其划分为舞鹤草—穿山薯蓣群落和糙苏—地榆—狭叶薹草群落。

第三十次划分(D30)的对象为第十九次划分出的 11 个样地,依据的指示种为海拔梯度 2100 m(＋),将其划分为狭苞囊吾—早熟禾—鹿药群落和大黄—银莲花—歪头菜群落。

第三十一次划分(D31)的对象为第二十次划分出的 8 个样地,依据的指示种为海拔梯度 2200 m(＋),将其划分为金莲花-狼毒群落和毛茛群落。

6.1.4　垂直梯度植物群落的分类结果

根据太行山区垂直梯度群落 TWINSPAN 分类的结果,基于样方调查的群落结构、物种组成等综合特征,参照《中国植被》和《中国生态系统》的分类体系,将太行山区中段垂直梯度的植物群落分为 6 个植被型组,即:针叶林、阔叶林、灌丛、草地、草甸和沼泽;下分为 7 个植被型,包括:寒温性针叶林、温性针叶林、落叶阔叶林、落叶阔叶灌丛、温性草丛、高寒草甸和沼泽草地;下含 9 个植被亚型及 50 个群落类型(表 6.1)。

表 6.1　太行山区中段垂直梯度植被类型分类结果

针叶林 Coniferous forest

　寒温性针叶林 Cool-temperate coniferous forest

　　Ⅰ寒温性落叶针叶林 Cool-temperate deciduous coniferous forest

　　　1. 华北落叶松林(人工林)Form. *Larix principis-rupprechtii*(cultural forest)

　温性针叶林 Temperate coniferous forest

　　Ⅱ温性常绿针叶、落叶阔叶混交林 Temperate evergreen coniferous and broad-leaved mixed forest

　　　2. 油松林＋白蜡＋鹅耳枥 Form. *Pinus tabulaeformis*

阔叶林 Broad-leaved forest

　落叶阔叶林 Deciduous broad-leaved forest

　　Ⅰ栎林 Quercus forest

　　　3. 蒙古栎林 Form. *Quercus mongolica*

　　　4. 槲栎林 Form. *Quercus aliena*

　　Ⅱ落叶阔叶混交林 Deciduous broad-leaced mixed forest

　　　5. 臭椿＋榆林 Form. *Ailanthus altissima*＋*Ulmus pumila*

　　　6. 白杨＋核桃林 Form. *Populus tomentosa*＋*Juglans regia*

　　　7. 刺槐＋栾树林 Form. *Robinia pseudoacacia*＋*Koelreuteria paniculata*

　　　8. 核桃楸＋棘皮桦＋糠椴林 Form. *Juglans mandshurica*＋*Betula utilis*＋*Tilia mandshurica*

　　　9. 花楸＋山杨林 Form. *Sorbus pohuashanensis*＋*Populus davidiana*

灌丛 Shrubs

　落叶阔叶灌丛 Deciduous broad-leaved shrubs

　　Ⅰ温性落叶阔叶灌丛 Temperate deciduous broad-leaved shrubs

　　　10. 杠柳-多花蔷薇灌丛 Form. *Periploca sepium*＋*Rosa multiflora*

　　　11. 扁担杆-酸枣-荆条灌丛 Form. *Grewia biloba*＋*Ziziphus jujuba*＋*Vitex negundo*

　　　12. 山杏-小叶鼠李灌丛 Form. *Armeniaca sibirica*＋*Rhamnus parvifolia*

　　　13. 木蓝-锦鸡儿灌丛 Form. *Indigofera tinctoria*＋*Caragana sinica*

　　　14. 照山白-小花溲疏灌丛 Form. *Rhododendron micranthum*＋*Deutzia parviflora*

　　　15. 绣线菊-六道木灌丛 Form. *Spiraea salicifolia*＋*Abelia biflora*

　　　16. 忍冬灌丛 Form. *Lonicera japonica*

　　　17. 紫丁香-卫矛灌丛 Form. *Syringa oblata*＋*Euonymus alatus*

　　　18. 黄栌-连翘灌丛 Form. *Cotinus coggygria*＋*Forsythia suspensa*

　　　19. 花椒灌丛 Form. *Zanthoxylum bungeanum*

续表

草地 Grassland

温性草原 Temperate grassland

Ⅰ 温性草丛 Temperate grassland

20. 车前-萝藦草丛 Form. *Plantago asiatica* + *Metaplexis japonica*

21. 蒲公英草丛 Form. *Taraxacum mongolicum*

22. 狭叶珍珠菜-竹叶子草丛 Form. *Lysimachia pentapetala* + *Streptolirion volubile*

23. 牻牛儿苗草丛 Form. *Erodium stephanianum*

24. 薄荷-苍耳-旋覆花草丛 Form. *Mentha haplocalyx* + *Xanthium sibiricum* + *Inula japonica*

25. 菟丝子草丛 Form. *Cuscuta chinensis*

26. 蝙蝠葛-蝎子草草丛 Form. *Menispermum dauricum* + *Girardinia suborbiculata*

27. 中华茜草-抱茎小苦荬草丛 Form. *Rubia cordifolia* + *Xeridium sonchifolium*

28. 地梢瓜-鸦葱草丛 Form. *Cynanchum thesioides* + *Scorzonera ruprechtiana*

29. 藜芦草丛 Form. *Veratrum nigrum*

30. 葎草-黄花蒿草丛 Form. *Humulus scandens* + *Artemisia annua*

31. 绶草-鸭跖草草丛 Form. *Spiranthes sinensis* + *Commelina communis*

32. 一把伞南星-白屈菜草丛 Form. *Arisaema erubescens* + *Chelidonium majus*

33. 野蓟-龙牙草草丛 Form. *Cirsium maackii* + *Agrimonia pilosa*

34. 中华卷柏-紫花地丁草丛 Form. *Selaginella sinensis* + *Viola philippica*

35. 白花碎米芥-地黄草丛 Form. *Cardamine leucantha* + *Rehmannia glutinosa*

36. 灰绿藜-疏毛女娄菜草丛 Form. *Chenopodium glaucum* + *Silene firma*

37. 草木樨-大花益母草草丛 Form. *Melilotus officinalis* + *Leonurus macranthus*

38. 大籽蒿-野菊草丛 Form. *Artemisia sieversiana* + *Chrysanthemum indicum*

39. 马先蒿-青蒿草丛 Form. *Pedicularis resupinate* + *Artemisia carvifolia*

40. 三籽两型豆-草问荆草丛 Form. *Amphicarpaea trisperma* + *Equisetum pratense*

41. 大油芒-尼泊尔蓼-日本续断草丛 Form. *Spodiopogon sibiricus* + *Polygonum nepalense* + *Dipsacus japonicus*

42. 铁线莲-苍术-花锚草丛 Form. *Clematis florida* + *Atractylodes lancea* + *Halenia corniculata*

43. 北柴胡-翠雀-华北蓝盆花草丛 Form. *Bupleurum Chinense* + *Delphinium grandiflorum* + *Scabiosa tschiliensis*

44. 舞鹤草-穿山薯蓣草丛 Form. *Maianthemum bifolium* + Discorea nipponica

45. 大黄-银莲花草丛 Form. *Rheum nobile* + *Anemone cathayensis*

46. 毛茛草丛 Form. *Ranunculus japonicus*

草甸 Meadow

高寒草甸 High-cold meadow

Ⅰ 亚高山草甸 Subalpine meadow

47. 狭叶薹草草甸 Form. *Carex duriuscula*

Ⅱ 寒温性草甸 Cool-temperate meadow

48. 金莲花-狼毒草甸 Form. *Trollius chinensis* + *Stellera chamaejasme*

沼泽 Marsh

沼泽草地 Marsh grassland

Ⅰ 草本沼泽 Herbaceous marsh

49. 芦苇沼泽 Form. *Phragmites australis*

50. 野慈姑-泽泻沼泽 Form. *Sagittaria trifolia* + *Alisma plantago-aquatica*

6.1.5 垂直梯度植物群落优势物种的筛选

根据太行山区中段垂直梯度群落分类结果和物种分布记录,筛选出不同海拔梯度上典型群落的优势物种,优势物种的选择满足以下 3 个条件:

(1)为群落数量分类结果中典型群落的主要物种;

(2)样方调查中该物种出现记录次数多,分布广;

(3)在群落中的生物量占明显优势。

根据以上原则,共筛选出 21 个优势物种,用以进行物种分布模型的潜在分布区(适生区)预测,来探讨太行山区植被在当前气候条件和未来不同气候情景下的分布变化。物种信息见表 6.2。

表 6.2 太行山区中段垂直梯度植物群落 21 个优势物种信息

序号	物种	拉丁名	科	属	生活型
1	白桦	*Betula platyphylla*	桦木科	桦木属	乔木
2	白蜡	*Fraxinus chinensis*	木犀科	梣属	落叶乔木
3	华北落叶松	*Larix gmelinii* var. *principis-rupprechtii*	松科	落叶松属	乔木
4	蒙古栎	*Quercus mongolica*	壳斗科	栎属	落叶乔木
5	油松	*Pinus tabuliformis*	松科	松属	乔木
6	扁担杆	*Grewia biloba*	椴树科	扁担杆属	灌木
7	荆条	*Vitex negundo* var. *heterophylla*	马鞭草科	牡荆属	灌木
8	六道木	*Zabelia biflora*	忍冬科	六道木属	落叶灌木
9	木香薷	*Elsholtzia stauntonii*	唇形科	香薷属	半灌木
10	酸枣	*Ziziphus jujuba* var. *spinosa*	鼠李科	枣属	灌木
11	绣线菊	*Spiraea salicifolia*	蔷薇科	绣线菊属	直立灌木
12	紫丁香	*Syringa oblata*	木犀科	丁香属	灌木或小乔木
13	白莲蒿	*Artemisia stechmanniana*	菊科	蒿属	半灌木状草本
14	瓣蕊唐松草	*Thalictrum petaloideum*	毛茛科	唐松草属	草本
15	抱茎小苦荬	*Ixeridium sonchifolium*(Maxim.)Shih	菊科	小苦荬属	多年生草本
16	糙苏	*Phlomoides multifurcata*	唇形科	糙苏属	多年生草本
17	地榆	*Sanguisorba officinalis*	蔷薇科	地榆属	多年生草本
18	金莲花	*Trollius chinensis*	毛茛科	金莲花属	草本
19	委陵菜	*Potentilla chinensis*	蔷薇科	委陵菜属	多年生草本
20	知风草	*Eragrostis ferruginea*	禾本科	画眉草属	多年生草本
21	紫菀	*Aster tataricus*	菊科	紫菀属	多年生草本

6.2 太行山区垂直梯度群落优势物种适生区分布预测

6.2.1 物种分布模型

本节的研究采用应用更广、性能更稳定的 Maxent 模型进行太行山区垂直梯度优势物种适生区预测。根据物种分布记录,结合其所在的环境因子,利用模型的机器学习特点,计算出并分析物种的生态位需求,最后将运算结果投射到其他空间(或时间)维度,获得物种的潜在分布结果。

6.2.2　垂直梯度上群落优势物种潜在分布预测结果

6.2.2.1　白桦(*Betula platyphylla*)

白桦 Maxent 模型初次建模和正式建模的 AUC 值分别为 0.929 和 0.923,模型模拟的精确度均达到了极准确程度。影响白桦潜在分布的前 3 个主导环境因子分别为最热季降水量、海拔高度和植被覆盖率(图 6.7a,b,c)。它们的贡献率分别为24.7%、14.3% 和 10.2%。

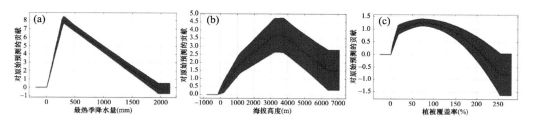

图 6.7　影响白桦潜在分布的 3 个主导环境因子的响应曲线

地理分布:根据物种分布记录,本种在太行山区的地理分布主要集中在山区北部的北京、河北和山西境内。

潜在分布:根据 Maxent 模型的模拟结果(图 6.8)显示,白桦在太行山区的高适生区主要分布在:河北北部、北京西部山地,山西、河北中部山地等。非适生区主要集中在山区南端的河南和山西境内。

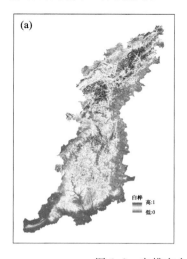
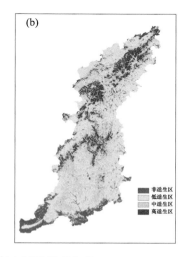

图 6.8　白桦在太行山区的潜在分布

6.2.2.2 白蜡(*Fraxinus chinensis*)

白蜡 Maxent 模型两次建模的 AUC 值分别为 0.942 和 0.941,模型模拟的精确度均达到了极准确程度。影响白蜡潜在分布的前 3 个主导环境因子分别为植被覆盖率、降水量季节性变化和温度季节性变动系数(图 6.9a,b,c)。它们的贡献率分别为22.7%、20.1%和 16.5%。

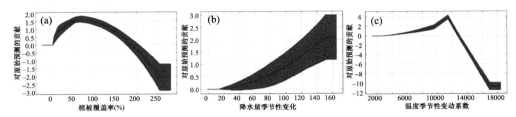

图 6.9　影响白蜡潜在分布的 3 个主导环境因子的响应曲线

地理分布:根据该物种的出现记录,本种在太行山区的地理分布主要集中在山区北部和中部的东坡。

潜在分布:根据 Maxent 模型的模拟结果(图 6.10)显示,白蜡在太行山区的高适生区主要集中在:山区东北方向的北京、河北山地,山区中部的山西、河北山地也有零散分布。非适生区主要集中在山区的南端和西北方向的边缘地区。

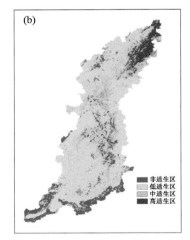

图 6.10　白蜡在太行山区的潜在分布

6.2.2.3 华北落叶松(*Larix gmelinii* var. *principis-rupprechtii*)

华北落叶松 Maxent 模型两次建模的 AUC 值均为 0.945,模型模拟的精确度均达到了极准确程度。影响白蜡潜在分布的前 3 个主导环境因子分别为温度年较差、年降水量和坡度(图 6.11a,b,c)。它们的贡献率分别为 15.8%、15.2%和 13.1%。

地理分布:根据该物种的出现记录,本种在太行山区的地理分布主要集中在山区中部河北和山西境内的山地。

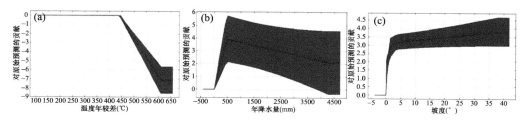

图 6.11　影响华北落叶松潜在分布的 3 个主导环境因子的响应曲线

潜在分布:根据 Maxent 模型的模拟结果(图 6.12)显示,华北落叶松在太行山区的高适生区主要集中在:山区北部北京、河北和山西境内的山地;山区中部河北、山西和河南境内的山地。非适生区主要集中在山区的南缘边界地区。

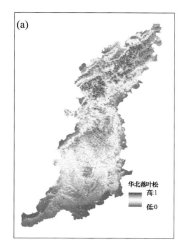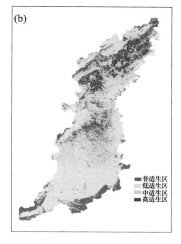

图 6.12　华北落叶松在太行山区的潜在分布

6.2.2.4　蒙古栎(*Quercus mongolica*)

蒙古栎 Maxent 模型两次建模的 AUC 值分别为 0.991 和 0.988,模型模拟的精确度均达到了极准确程度。影响蒙古栎潜在分布的前 3 个主导环境因子分别为植被覆盖率、温度季节性变动系数和降水量季节性变化(图 6.13a,b,c)。它们的贡献率分别为 26.2%、20.9% 和 14.5%。

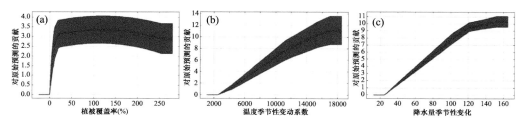

图 6.13　影响蒙古栎潜在分布的 3 个主导环境因子的响应曲线

地理分布：根据该物种的出现记录，本种在太行山区的地理分布主要分布在山区中部和北部，靠近东坡的山地。

潜在分布：根据 Maxent 模型的模拟结果（图 6.14）显示，蒙古栎在太行山区的高适生区主要集中在：山区东北部北京和河北的山地东坡，和山西境内的山地；山区中部河北、山西和河南境内的山地。非适生区面积较大，主要分布在山区南部、东部平原地带和西北部的高原区域。

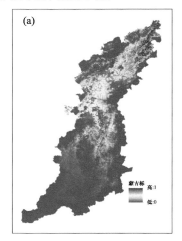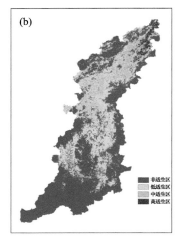

图 6.14 蒙古栎在太行山区的潜在分布

6.2.2.5 油松（*Pinus tabuliformis*）

油松 Maxent 模型两次建模的 AUC 值分别为 0.939 和 0.938，模型模拟的精确度均达到了极准确程度。影响油松潜在分布的前 3 个主导环境因子分别为年降水量、温度季节性变动系数和降水量季节性变化（图 6.15a，b，c）。它们的贡献率分别为 25%、23.8% 和 10.9%。

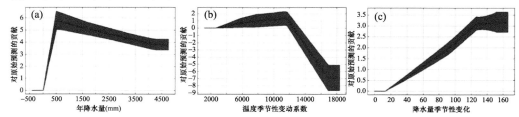

图 6.15 影响油松潜在分布的 3 个主导环境因子的响应曲线

地理分布：根据该物种的出现记录，本种在太行山区的地理分布较广，其中山区北部和中部的东坡山地分布较多，山区西坡也有零散分布。

潜在分布：根据 Maxent 模型的模拟结果（图 6.16）显示，油松在太行山区的高适生区主要集中在山区东北部的北京、河北境内的山地；山区中部的山西、河北和河南的东坡山地也有较多分布。非适生区仅在山区南缘和西侧边缘地带偶有分布。

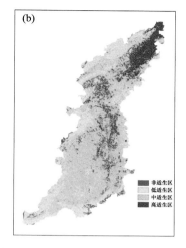

图 6.16　油松在太行山区的潜在分布

6.2.2.6　扁担杆(*Grewia biloba*)

扁担杆 Maxent 模型两次建模的 AUC 值分别为 0.986 和 0.981,模型模拟的精确度均达到了极准确程度。影响扁担杆潜在分布的前 3 个主导环境因子分别为植被覆盖率、降水量季节性变化和温度季节性变动系数(图 6.17a,b,c)。它们的贡献率分别为 19.8%、19.7% 和 15.7%。

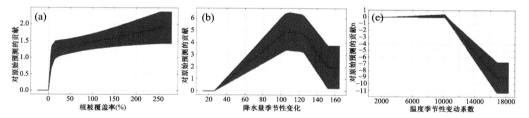

图 6.17　影响扁担杆潜在分布的 3 个主导环境因子的响应曲线

地理分布:根据该物种的出现记录,本种在太行山区的分布主要集中在山区中部的东坡,即河北省境内的山地。

潜在分布:根据 Maxent 模型的模拟结果(图 6.18)显示,扁担杆在太行山区的高适生区主要集中在山区中部的东坡,同时山区中部和北部东坡也有较广分布。非适生区主要集中在山区西南部和西北部。

6.2.2.7　荆条(*Vitex negundo* var. *heterophylla*)

扁担杆 Maxent 模型两次建模的 AUC 值均为 0.966,模型模拟的精确度均达到了极准确程度。影响扁担杆潜在分布的前 3 个主导环境因子分别为降水量季节性变化、温度季节性变动系数和最冷季平均温度(图 6.19a,b,c)。它们的贡献率分别为 26.1%、19.8% 和 16.1%。

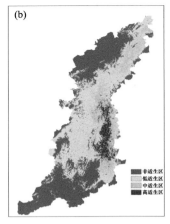

图 6.18　扁担杆在太行山区的潜在分布

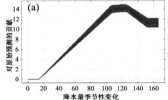
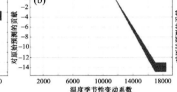
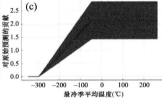

图 6.19　影响荆条潜在分布的 3 个主导环境因子的响应曲线

地理分布:根据该物种的出现记录,本种在太行山区的分布主要集中在山区中部和北部的东坡,即河北省和北京境内的山地。

潜在分布:根据 Maxent 模型的模拟结果(图 6.20)显示,扁担杆在太行山区几乎没有高适生区的分布,中适生区的分布主要集中在太行山区的东坡。非适生区集中分布在山区西南和西北部。

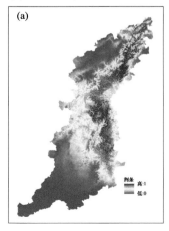
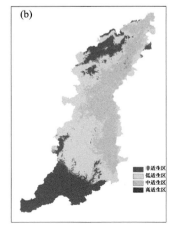

图 6.20　荆条在太行山区的潜在分布

6.2.2.8 六道木(*Zabelia biflora*)

六道木 Maxent 模型两次建模的 AUC 值分别为 0.942 和 0.952,模型模拟的精确度均达到了极准程度。影响六道木潜在分布的前 3 个主导环境因子分别为年降水量、温度季节性变动系数和坡度(图 6.21a,b,c)。它们的贡献率分别为 25%、23.9%和 8.8%。

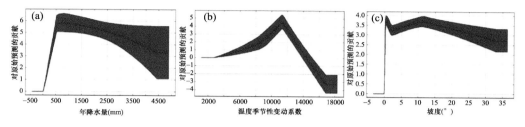

图 6.21 影响六道木潜在分布的 3 个主导环境因子的响应曲线

地理分布:根据该物种的出现记录,本种在太行山区的分布较集中的地区在山区东北部,此外在山区的西坡和中部东坡也有零散分布。

潜在分布:根据 Maxent 模型的模拟结果(图 6.22)显示,六道木在太行山区的高适生区主要集中在 2 个区域:山区北部的北京、河北和山西境内山地;山区中南部,包括河北、河南和山西境内的山地。非适生区仅在山区东南和西北边缘地带偶有分布。

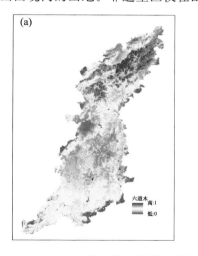
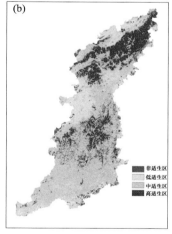

图 6.22 六道木在太行山区的潜在分布

6.2.2.9 木香薷(*Elsholtzia stauntonii*)

木香薷 Maxent 模型两次建模的 AUC 值分别为 0.976 和 0.970,模型模拟的精确度均达到了极准确程度。影响木香薷潜在分布的前 3 个主导环境因子分别为最湿月降水量、温度季节性变动系数和坡度(图 6.23a,b,c)。它们的贡献率分别为 20.1%、16.3%和 11.1%。

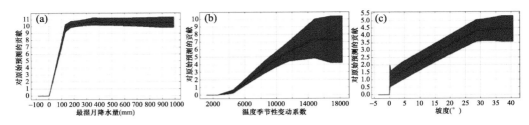

图 6.23　影响木香薷潜在分布的 3 个主导环境因子的响应曲线

地理分布:根据该物种的出现记录,本种在太行山区的分布集中在山区北部东坡和中部东坡,西南部也有零散分布。

潜在分布:根据 Maxent 模型的模拟结果(图 6.24)显示,木香薷在太行山区的适生区较广,高适生区集中在山区东坡一线,山区南缘边界为较集中的非适生区。其他区域均为低适生区和中适生区。

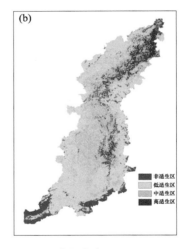

图 6.24　木香薷在太行山区的潜在分布

6.2.2.10　酸枣(*Ziziphus jujuba* var. *spinosa*)

酸枣 Maxent 模型两次建模的 AUC 值分别为 0.964 和 0.962,模型模拟的精确度均达到了极准确程度。影响酸枣潜在分布的前 3 个主导环境因子分别为温度季节性变动系数、最湿月降水量和降水量季节性变化(图 6.25a,b,c)。它们的贡献率分别为 38.8%、20.3% 和 14%。

地理分布:根据该物种的出现记录,本种在太行山区的分布集中在山区中北部东坡,山区西坡偶有零散分布。

潜在分布:根据 Maxent 模型的模拟结果(图 6.26)显示,酸枣在太行山区的高适生区集中在山区北部的东坡,中部东坡也有少量分布。山区西北部高原地区和南缘边界地带有较集中的非适生区。其他区域均为低适生区和中适生区。

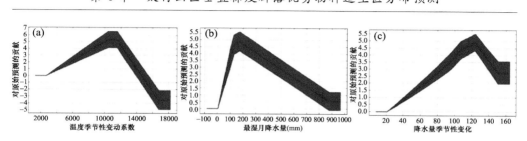

图 6.25　影响酸枣潜在分布的 3 个主导环境因子的响应曲线

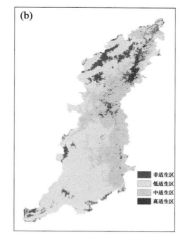

图 6.26　酸枣在太行山区的潜在分布

6.2.2.11　绣线菊(*Spiraea salicifolia*)

　　绣线菊 Maxent 模型两次建模的 AUC 值分别为 0.969 和 0.970,模型模拟的精确度均达到了极准确程度(图 6.27a,b)。影响绣线菊潜在分布的前 3 个主导环境因子分别为温度季节性变动系数、温度年较差和植被覆盖率(图 6.27a,b,c)。它们的贡献率分别为 32.7%、15.5% 和 14.4%。

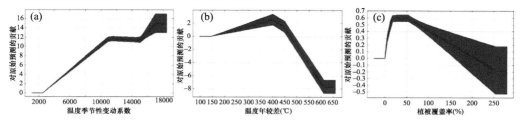

图 6.27　影响绣线菊潜在分布的 3 个主导环境因子的响应曲线

　　地理分布:根据该物种的出现记录,本种在太行山区的分布集中在山区中、北部的东坡,山区北部的西坡也有少量分布。

　　潜在分布:根据 Maxent 模型的模拟结果(图 6.28)显示,绣线菊在太行山区的高适生区较少,集中在山区东北部的北京和河北境内的山地,大部分区域为该物种的中适生区和低适生区。非适生区集中分布在山区南缘边界、东部边缘地带和西部边缘地带。

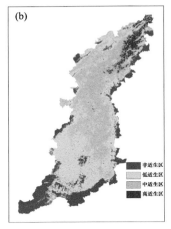

图 6.28 绣线菊在太行山区的潜在分布

6.2.2.12 紫丁香(*Syringa oblata*)

紫丁香 Maxent 模型两次建模的 AUC 值分别为 0.963 和 0.978,模型模拟的精确度均达到了极准确程度。影响紫丁香潜在分布的前 3 个主导环境因子分别为温度季节性变动系数、植被覆盖率和海拔高度(图 6.29a,b,c)。它们的贡献率分别为 42.3%、22.1%和 13.2%。

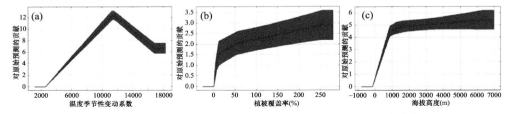

图 6.29 影响紫丁香潜在分布的 3 个主导环境因子的响应曲线

地理分布:根据该物种的出现记录,本种在太行山区的分布较为零散,主要分布在中部、北部的东坡,山区北部偶有分布。

潜在分布:根据 Maxent 模型的模拟结果(图 6.30)显示,紫丁香在太行山区的高适生区主要集中在东北部的东坡,山区东部边缘、南部边缘和西部边缘地带,均为非适生区,山区中部大部分区域为低适生区和中适生区。

6.2.2.13 白莲蒿(*Artemisia stechmanniana*)

白莲蒿 Maxent 模型两次建模的 AUC 值分别为 0.994 和 0.987,模型模拟的精确度均达到了极准确程度。影响白莲蒿潜在分布的前 3 个主导环境因子分别为温度季节性变动系数、最湿月降水量和坡度(图 6.31a,b,c)。它们的贡献率分别为 39%、13.8%和 13.2%。

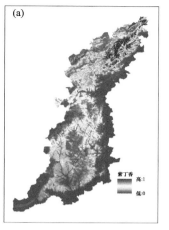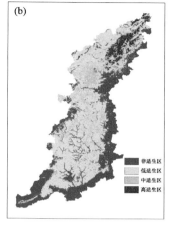

图 6.30　紫丁香在太行山区的潜在分布

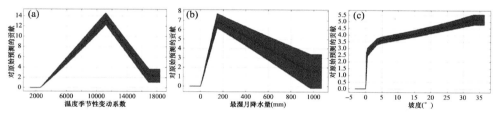

图 6.31　影响白莲蒿潜在分布的 3 个主导环境因子的响应曲线

　　地理分布：根据该物种的出现记录，本种在太行山区的分布主要分布在中北部的东坡，山区北部偶有零散分布（图 6.32a）。

　　潜在分布：根据 Maxent 模型的模拟结果（图 6.32）显示，白莲蒿在太行山区的高适生区主要集中在东北部的东坡，中适生区和低适生区的分布范围较广，非适生区在整个山区的边缘地带均有分布。

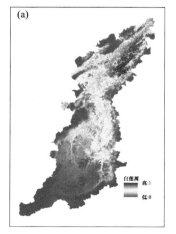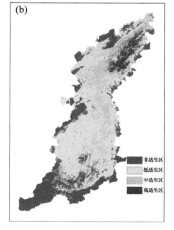

图 6.32　白莲蒿在太行山区的潜在分布

6.2.2.14　瓣蕊唐松草(*Thalictrum petaloideum*)

瓣蕊唐松草 Maxent 模型两次建模的 AUC 值均为 0.978,模型模拟的精确度均达到了极准确程度。影响瓣蕊唐松草潜在分布的前 3 个主导环境因子分别为温度季节性变动系数、最热季降水量和海拔高度(图 6.33a,b,c)。它们的贡献率分别为 21.3%、18.7%和 17.5%。

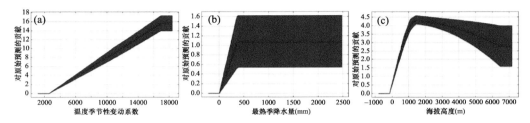

图 6.33　影响瓣蕊唐松草潜在分布的 3 个主导环境因子的响应曲线

地理分布:根据该物种的出现记录,本种在太行山区的分布主要集中分布在北部的东坡,山区中部东坡、北部西坡也有少量分布。

潜在分布:根据 Maxent 模型的模拟结果(图 6.34)显示,瓣蕊唐松草在太行山区的高适生区主要集中在山区北部的东、西坡,山区中部也有少量高适生区分布,中适生区和低适生区的分布范围较广。非适生区集中分布于山区东部和南部的边缘地带。

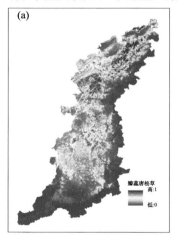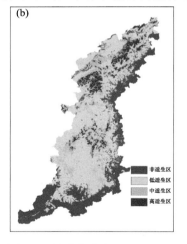

图 6.34　瓣蕊唐松草在太行山区的潜在分布

6.2.2.15　抱茎小苦荬(*Xeridium sonchifolium*(Maxim.)Shih)

抱茎小苦荬 Maxent 模型两次建模的 AUC 值分别为 0.971 和 0.968,模型模拟的精确度均达到了极准确程度。影响抱茎小苦荬潜在分布的前 3 个主导环境因子分别为最湿月降水量、降水量季节变化和温度季节性变动系数(图 6.35a,b,c)。它们的贡献率分别为 16.2%、14.9%和 13.3%。

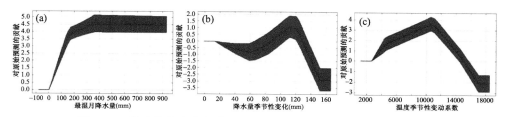

图 6.35 影响抱茎小苦荬潜在分布的 3 个主导环境因子的响应曲线

地理分布:根据该物种的出现记录,本种在太行山区的分布主要集中分布在山区中部的东坡,山区北部也有少量分布。

潜在分布:根据 Maxent 模型的模拟结果(图 6.36)显示,抱茎小苦荬在太行山区的高适生区主要集中在山区中部东坡(河北和河南),北部东坡也有少量高适生区分布。山区南部(河南和山西)和西北部集中分布有非适生区,其他地区均为低适生区和中适生区。

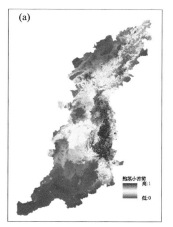
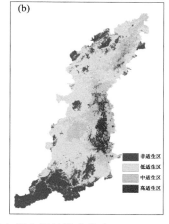

图 6.36 抱茎小苦荬在太行山区的潜在分布

6.2.2.16 糙苏(*Phlomoides multifurcata*)

糙苏 Maxent 模型两次建模的 AUC 值分别为 0.948 和 0.946,模型模拟的精确度均达到了极准确程度。影响糙苏潜在分布的前 3 个主导环境因子分别为温度季节性变动系数、年降水量和温度年较差(图 6.37a,b,c)。它们的贡献率分别为 21.2%、19% 和 16.3%。

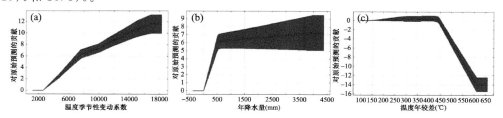

图 6.37 影响糙苏潜在分布的 3 个主导环境因子的响应曲线

　　地理分布:根据该物种的出现记录,本种在太行山区的分布主要集中分布在山区中、北部的东坡,南部东坡也少有分布。

　　潜在分布:根据 Maxent 模型的模拟结果(图 6.38)显示,糙苏在太行山区的适生区面积分布极广,其中高适生区主要集中在山区东北部(河北和北京),中部东坡和西坡也有少量分布。山区东南部边缘和西部边缘有少量非适生区间断分布,其余大部分区域均为低适生区和中适生区。

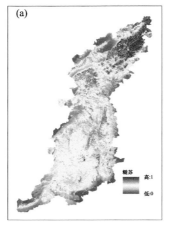 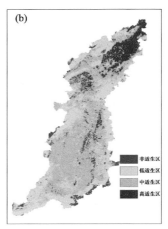

图 6.38　糙苏在太行山区的潜在分布

6.2.2.17　地榆(*Sanguisorba officinalis*)

　　地榆 Maxent 模型两次建模的 AUC 值分别为 0.967 和 0.966,模型模拟的精确度均达到了极准确程度。影响地榆潜在分布的前 3 个主导环境因子分别为温度季节性变动系数、温度年较差和植被覆盖率(图 6.39a,b,c)。它们的贡献率分别为30.7%、16.1%和 15.1%。

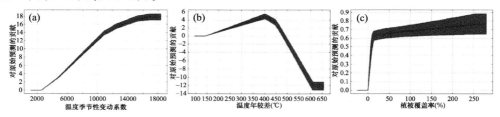

图 6.39　影响地榆潜在分布的 3 个主导环境因子的响应曲线

　　地理分布:根据该物种的出现记录,本种在太行山区的分布主要集中分布在中北部的东坡,北部西坡和中部西坡也有零散分布。

　　潜在分布:根据 Maxent 模型的模拟结果(图 6.40)显示,地榆在太行山区的适生区面积分布极广,但其高适生区分布范围较为狭窄,主要集中在山区东北部山地(北京境内为主)。非适生区集中分布于山区南部边缘地带,山区东部和西部边缘也有狭窄的间断分布区域。其余大部分面积均为中适生区和低适生区。

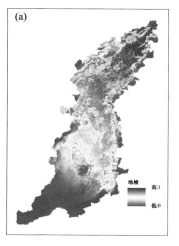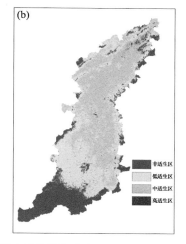

图 6.40 地榆在太行山区的潜在分布

6.2.2.18 金莲花(*Trollius chinensis*)

金莲花 Maxent 模型两次建模的 AUC 值分别为 0.973 和 0.976,模型模拟的精确度均达到了极准确程度。影响金莲花潜在分布的前 3 个主导环境因子分别为温度季节性变动系数、最湿月降水量和海拔高度(图 6.41a,b,c)。它们的贡献率分别为 41.9%、16% 和 12%。

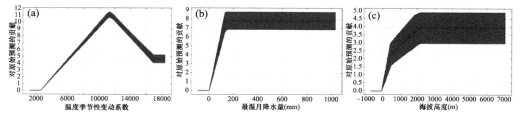

图 6.41 影响金莲花潜在分布的 3 个主导环境因子的响应曲线

地理分布:根据该物种的出现记录,本种在太行山区主要分布在中北部,其东坡和西坡均有零散分布,山区南部偶有零散分布。

潜在分布:根据 Maxent 模型的模拟结果(图 6.42)显示,金莲花在太行山区的适生区范围分布较广,南、北部具有大面积分布。但其高适生区集中在山区北部。本种非适生区集中分布在山区南缘,中南部也有零散分布。其余区域均为低适生区和中适生区。

6.2.2.19 委陵菜(*Potentilla chinensis*)

委陵菜 Maxent 模型两次建模的 AUC 值分别为 0.932 和 0.919,模型模拟的精确度均达到了极准确程度。影响委陵菜潜在分布的前 3 个主导环境因子分别为温度季节性变动系数、最湿月降水量和海拔高度(图 6.43a,b,c)。它们的贡献率分别为 23.6%、21.5% 和 20.2%。

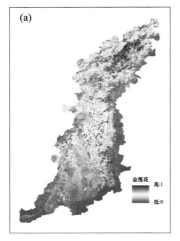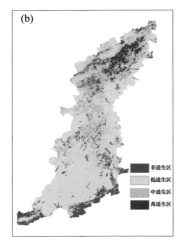

图 6.42　金莲花在太行山区的潜在分布

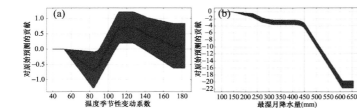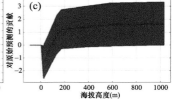

图 6.43　影响委陵菜潜在分布的 3 个主导环境因子的响应曲线

地理分布:根据该物种的出现记录,本种在太行山区的分布主要集中在中北部的东坡,北部西坡也有少量零散分布。

潜在分布:根据 Maxent 模型的模拟结果(图 6.44)显示,委陵菜在太行山区的适生区面积分布极广,且其高适生区分布范围极广,分布于山区中部、北部的大部分区域。本种非适生区分布极少,仅在山区南缘偶见零散分布,其余区域均为中适生区和低适生区。

6.2.2.20　知风草(*Eragrostis ferruginea*)

知风草 Maxent 模型两次建模的 AUC 值分别为 0.953 和 0.940,模型模拟的精确度均达到了极准确程度。影响知风草潜在分布的前 3 个主导环境因子分别为土地利用覆盖类型、等温性和底层土壤容积密度(图 6.45a,b,c)。它们的贡献率分别为 23.6%、19.2% 和 16.4%。

地理分布:根据该物种的出现记录,本种在太行山区的分布在中北部的东坡,其他区域该种的出现记录较少。

潜在分布:根据 Maxent 模型的模拟结果(图 6.46)显示,知风草在太行山区的适生区面积分布较为零散,适生区与非适生区错综分布,总体上其高适生区在山区中、北部的东坡分布较多,其非适生区在整个山区均有零散分布,但分布面积相对较少。

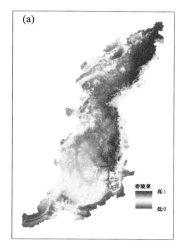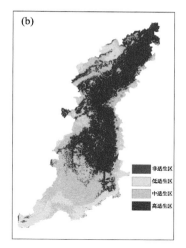

图 6.44　委陵菜在太行山区的潜在分布

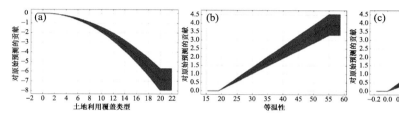

图 6.45　影响知风草潜在分布的 3 个主导环境因子的响应曲线

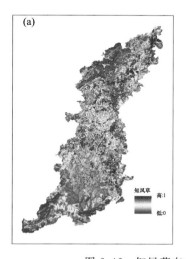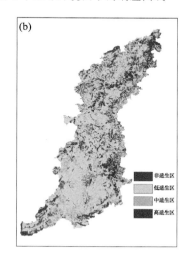

图 6.46　知风草在太行山区的潜在分布

6.2.2.21　紫菀(*Aster tataricus*)

紫菀 Maxent 模型两次建模的 AUC 值分别为 0.951 和 0.968,模型模拟的精确度均达到了极准确程度。影响紫菀潜在分布的前3个主导环境因子分别为温度季节性变动系数、最湿月降水量和海拔高度(图6.47a,b,c)。它们的贡献率分别为37.5%、22.9%和12.5%。

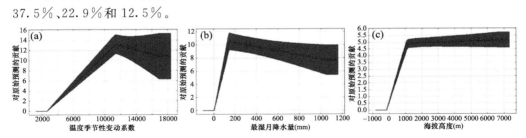

图6.47 影响紫菀潜在分布的3个主导环境因子的响应曲线

地理分布:根据该物种的出现记录,本种在太行山区的分布集中在北部,山区南部东坡也有少量分布。

潜在分布:根据Maxent模型的模拟结果(图6.48)显示,紫菀在太行山区的高适生区分布较为集中,主要分布于北部的东坡。整个山区的边缘地带均分布有本种的非适生区,其余区域为中适生区和低适生区。

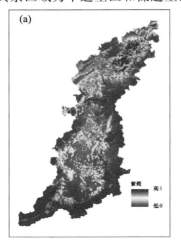
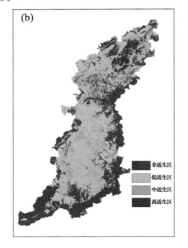

图6.48 紫菀在太行山区的潜在分布

6.2.3 植物群落优势物种潜在适生区的垂直分布格局

本小节内容基于太行山区21个优势物种在当前气候条件下的潜在分布结果,在垂直梯度上(低山区、中山区和亚高山区)对不同级别的物种适生区进行了面积计算,分别分析了乔木层、灌木层和草本层各优势物种的潜在适生区垂直分布格局。

6.2.3.1 乔木层优势物种潜在适生区的垂直分布

基于优势物种潜在分布结果重分类的基础上,划分出每个物种的高适生区、中适生区、低适生区和非适生区。在 ArcMap 中应用"Zonal statistics as table"工具,分别计算出太行山区的低山区、中山区和亚高山区各适生区的分布面积,分析各物种在垂直梯度上的潜在适生区的分布格局。

乔木层分别计算了油松、蒙古栎、华北落叶松、白蜡和白桦 5 个优势种适生区的垂直分布面积(表 6.3)。表 6.3 中蓝色条块代表分布面积占山区总面积的比例,由浅到深的绿色色阶,代表该物种不同适生区在垂直梯度分区中的面积比例,面积越大,颜色越深。

表 6.3　乔木层优势物种在垂直梯度上潜在分布区面积统计　　　　单位:km²

物种	分区	非适生区	低适生区	中适生区	高适生区	总面积
油松	低山区	1345.38	11062.53	19883.89	4060.01	36351.81
	中山区	423.67	19359.25	54891.01	13697.34	88371.27
	高山区	0.68	1316.72	9078.57	1880.94	12276.91
	小计	1769.73	31738.50	83853.48	19638.29	137000.00
蒙古栎	低山区	28192.22	5736.96	2047.40	375.23	36351.81
	中山区	47949.90	27237.76	10358.46	2825.16	88371.27
	高山区	3154.68	6834.68	2286.87	0.68	12276.91
	小计	79296.79	39809.41	14692.73	3201.07	137000.00
华北落叶松	低山区	8298.09	17315.94	9274.38	1463.41	36351.81
	中山区	1937.56	34384.91	38644.82	13403.98	88371.27
	高山区	25.24	1183.69	5350.13	5717.86	12276.91
	小计	10260.89	52884.54	53269.33	20585.24	137000.00
白蜡	低山区	7516.24	19565.97	6716.66	2552.94	36351.81
	中山区	3824.64	54623.57	22244.45	7678.62	88371.27
	高山区	1011.08	7959.70	3186.06	120.07	12276.91
	小计	12351.96	82149.24	32147.16	10351.63	137000.00
白桦	低山区	8941.44	24064.66	3182.65	163.06	36351.81
	中山区	3209.26	39178.33	34842.70	11140.98	88371.27
	高山区	1.36	580.59	5664.64	6030.32	12276.91
	小计	12152.06	63823.58	43689.99	17334.36	137000.00

结果显示 5 种乔木层优势物种中,中适生区和高适生区面积最大的为油松,面积最小的为蒙古栎。意味着在当前气候条件下,太行山区的生境更适合油松的分布,而蒙古栎的适生区分布最为狭窄。从垂直梯度上来看,油松的中、高适生区主要分布在中山区,亚高山区的分布面积最少;而蒙古栎仅在中山区有中适生区的分布,3 个垂直分区中,高适生区分布面积都极低。其余 3 个优势种华北落叶松、白蜡和白桦,其高适生区均主要集中在中山区。相比较而言,华北落叶松的高适生区相对面积较大,白蜡最小。

6.2.3.2　灌木层优势物种潜在适生区的垂直分布

灌木层分别计算了紫丁香、绣线菊、酸枣、木香薷、六道木、扁担杆和荆条 7 个优势种适生区的垂直分布面积(表 6.4)。可知,7 种灌木层优势物种中,中适生区和高适生区面积最大的为六道木,面积最小的为扁担杆。意味着在当前气候条件下,太行山区的生境更适合六道木的分布,而扁担杆的适生区分布最为狭窄。

表 6.4　灌木层优势物种在垂直梯度上潜在分布区面积统计　　单位:km²

物种	分区	非适生区	低适生区	中适生区	高适生区	总面积
紫丁香	低山区	29952.40	6026.23	367.73	5.46	36351.81
	中山区	13816.05	56217.97	13309.83	5027.43	88371.27
	高山区	132.35	5799.04	4964.66	1380.85	12276.91
	小计	43900.80	68043.24	18642.22	6413.74	137000.00
绣线菊	低山区	15822.52	12564.82	7824.61	139.86	36351.81
	中山区	10349.59	38473.58	34442.22	5105.89	88371.27
	高山区	379.33	3340.25	8460.46	96.88	12276.91
	小计	26551.43	54378.65	50727.30	5342.62	137000.00
酸枣	低山区	1737.67	11699.74	20857.45	2056.95	36351.81
	中山区	1411.56	56162.02	28639.08	2158.61	88371.27
	高山区	5755.38	6515.40	6.14	0.00	12276.91
	小计	8904.60	74377.16	49502.68	4215.56	137000.00
木香薷	低山区	7566.05	19604.86	7108.26	2072.65	36351.81
	中山区	1754.04	37852.06	39195.39	9569.79	88371.27
	高山区	216.95	6280.02	5540.47	239.47	12276.91
	小计	9537.04	63736.94	51844.13	11881.90	137000.00
六道木	低山区	1432.70	9511.79	21580.63	3826.69	36351.81
	中山区	890.32	15452.74	55245.09	16783.11	88371.27
	高山区	0.00	396.38	4276.96	7603.57	12276.91
	小计	2323.03	25360.92	81102.68	28213.37	137000.00
扁担杆	低山区	12395.62	11368.85	9826.31	2761.03	36351.81
	中山区	37315.82	38738.29	8912.79	3404.38	88371.27
	高山区	0.68	10073.28	2183.17	19.78	12276.91
	小计	49712.12	60180.42	20922.26	6185.19	137000.00
荆条	低山区	9240.95	8394.29	18669.51	47.07	36351.81
	中山区	20566.82	42951.12	24836.96	16.37	88371.27
	高山区	7253.58	5017.20	6.14	0.00	12276.91
	小计	37061.34	56362.60	43512.61	63.45	137000.00

从垂直梯度上来看,六道木的中、高适生区主要分布在中山区,而其高适生区在亚高山区的分布也占有较高比例,高适生区面积分布趋势为:中山区>亚高山区>低山;扁担杆的潜在高适生区和中适生区面积都较小,其高适生区在垂直梯度三个分区都较低,而中适生区更多地分布在低山区和中山区。其余 5 个灌木优势种中,其高适生区的面积都较低。比较而言,木香薷在中山区具有相对较高的高适生区。

6.2.3.3　草本层优势物种潜在适生区的垂直分布

草本层分别计算了紫菀、知风草、委陵菜、金莲花、地榆、糙苏、抱茎小苦荬、瓣蕊唐松草和白莲蒿共计 9 个优势种潜在适生区的垂直分布面积(表 6.5)。结果显示,9 种草本层优势物种中,所有适生面积最大的为委陵菜,面积最小的为扁担杆。意味着在当前气候条件下,太行山区的生境更适合委陵菜的分布,而紫菀的适生区分布最为狭窄。

表 6.5　草本层优势物种在垂直梯度上潜在分布区面积统计　　单位:km²

物种	分区	非适生区	低适生区	中适生区	高适生区	总面积
紫菀	低山区	25753.89	10082.83	488.48	26.61	36351.81
	中山区	17844.68	49561.35	16321.24	4644.01	88371.27
	高山区	58.67	5058.13	5146.14	2013.97	12276.91
	小计	43657.24	64702.31	21955.86	6684.59	137000.00
知风草	低山区	5666.69	17491.96	8903.92	4289.25	36351.81
	中山区	10594.51	54813.92	16995.97	5966.87	38371.27
	高山区	1258.05	7540.12	3221.54	257.20	12276.91
	小计	17519.25	79846.00	29121.43	10513.32	137000.00
委陵菜	低山区	439.36	9881.57	11660.17	14370.71	36351.81
	中山区	45.71	8397.70	39090.32	40837.54	88371.27
	高山区	32.07	426.40	3668.41	8150.04	12276.91
	小计	517.14	18705.67	54418.90	63358.30	137000.00
金莲花	低山区	8893.00	24494.47	2902.25	62.08	36351.81
	中山区	4287.20	48422.69	30301.70	5359.68	88371.27
	高山区	276.99	2237.07	6152.44	3610.42	12276.91
	小计	13457.19	75154.23	39356.40	9032.18	137000.00
地榆	低山区	13862.44	11069.35	11415.93	4.09	36351.81
	中山区	15774.76	32637.01	39008.46	951.04	88371.27
	高山区	433.22	2537.25	9071.07	235.37	12276.91
	小计	30070.43	46243.61	59495.45	1190.51	137000.00
糙苏	低山区	2409.67	20530.66	11181.24	2230.24	36351.81
	中山区	944.22	24387.36	52924.79	10114.90	88371.27
	高山区	1.36	390.92	8678.10	3206.53	12276.91
	小计	3355.26	45308.95	72784.13	15551.67	137000.00
抱茎小苦荬	低山区	8223.04	11544.87	12940.73	3643.16	36351.81
	中山区	16483.61	46141.96	21999.52	3746.18	88371.27
	高山区	3205.17	8469.33	602.42	0.00	12276.91
	小计	27911.82	66156.16	35542.67	7389.35	137000.00
瓣蕊唐松草	低山区	25719.78	10516.73	115.30	0.00	36351.81
	中山区	9923.87	49397.61	22717.92	6331.87	88371.27
	高山区	120.07	1600.54	6063.75	4493.23	12277.60
	小计	35763.72	61514.88	28896.97	10825.11	137000.68
白莲蒿	低山区	14739.80	14582.89	6196.11	833.02	36351.81
	中山区	23349.68	43498.96	16924.34	4598.30	88371.27
	高山区	648.81	6722.80	4680.85	224.46	12276.91
	小计	38738.29	64804.65	27801.29	5655.77	137000.00

　　从垂直梯度上来看,委陵菜的中、高适生区主要分布在中山区,其次为低山区,高适生区面积分布趋势为:中山区＞ 低山区＞亚高山区;紫菀的潜在高适生区面积较小,尤其是在低山区几乎没有分布;其中适生区同样集中分布在中山区,低山区分布面积极低。其余 7 个草本层优势种中,糙苏的高适生区具有相对较大的分布面积,且集中分布于中山区。地榆和瓣蕊唐松草的高适生区在低山区几乎没有分布,而抱茎小苦荬在亚高山区没有分布。其余物种的中、高适生区均集中分布于中山区。

6.2.4　当前气候条件下最适宜和最不适宜分布物种的筛选

本研究为了探讨太行山区植物群落在未来气候情景下的分布变化,根据当前气候条件下 21 个优势物种在太行山区垂直梯度上的分布现状,及其各适生区在低山区、中山区和亚高山区所分布的面积比例,筛选出当前条件下最适宜生存的和最不适宜分布的物种(即筛选出非适生区面积比例最大和适生区面积比例最大的物种),本研究分别筛选出当前气候条件下最不适宜和最适宜分布的木本、灌木和草本植物各 1 种,物种信息如下。

1. 当前适生区面积比例最小的物种

(1)蒙古栎:该物种非、低适生区占 86.94％,仅有 9.62％的中、高适生区分布于中山区。

(2)扁担杆:该物种非、低适生区占 80.21％,仅有 18.18％的中、高适生区分布于低、中山区。

(3)紫菀:该物种非、低适生区占比 79.09％,仅有 15.3％的中、高适生区集中分布于中山区。

2. 当前适生区面积比例最大的物种

(1)油松:该物种中、高适生区占 75.54％,集中于中山区(50.06％),亚高山区占比 8％。

(2)六道木:该物种中、高适生区达 79.79％,集中于中山区 52.58％。亚高山区占比例 8.67％。

(3)委陵菜:该物种中、高适生区面积占太行山总面积的 85.97％,主要集中于中、低山区(77.34％),亚高山区分布仅占 8.6％。

基于各物种潜在适生区的分布面积计算结果,共筛选出上述 6 个物种,用以研究其在未来气候情景下潜在适生区分布的变化趋势。

6.2.5　当前气候条件下优势物种的空间分布与其生态位

物种在生态环境中的生态位对其空间分布起到了决定性作用。为了探讨太行山区垂直梯度上优势物种的地理空间(G 空间,Geographic space)分布格局与其生态位的关系,本研究基于 Niche Analyst 3.0 软件,基于年降水量和年平均温度构建了基础环境空间(E 空间,Environmental space),然后以第 6.2.4 节筛选出的最适宜生存和最不适宜生存的 6 种优势物种为研究对象,将其在当前气候条件下的物种出现记录投射到上述构建的基础环境空间,模拟其虚拟生态位,结合其在太行山区的潜在分布结果,分析该物种的生态位对其空间分布的作用与影响。

6.2.5.1　蒙古栎虚拟生态位的构建及其在 E 空间中的分布

基于已有的蒙古栎出现记录,应用 Niche Analyst 3.0,在以年平均气温(bio1)和年降水量(bio12)生成的背景云中构建其虚拟生态位(图 6.49)。由图 6.49a 可以看出,黄色椭球即为蒙古栎在基础环境空间中的虚拟生态位,横坐标为年平均气温,纵坐标为年降水量,椭球位于由年平均气温和年降水量构建的背景云范围内。结果显示,蒙古栎虚拟生态位在年平均气温纬度所占据的空间较年降水量狭窄,表明蒙古栎能适应更大范围的年降水量。图 6.49b 和图 6.49c 为分别显示了背景云范围(Background)、构建蒙古栎生态位的物种出现范围(Occurrences)和虚拟生态位(ENM)的范围在年平均气温和年降水量维度的空间分布。根据该种 ENM 和 Occurrences 的空间分布,可以看出蒙古栎虚拟 ENM 在年平均气温纬度比起 Occurrences 占有更大的空间,意味着该种的生态位具有更广的年平均气温适应潜力。

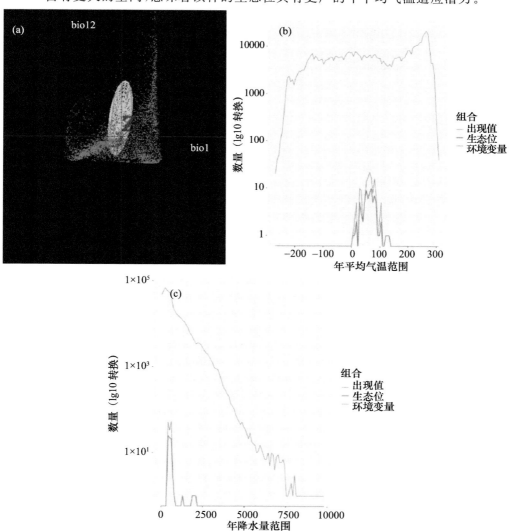

图 6.49　蒙古栎虚拟生态位构建及其在环境空间中的特征

6.2.5.2 油松虚拟生态位的构建及其在 E 空间中的分布

同样以年平均气温和年降水量构建的背景云,基于油松的分布点出现记录构建了其虚拟生态位(图 6.50a),紫色椭球代表油松的虚拟生态位,占据 bio1 和 bio12 的范围均较大,表明其对年平均气温和年降水量均有较大的适应潜力。从图 6.50b 和图 6.50c 看出,油松的 ENM 在 bio1 和 bio12 纬度均占据较蒙古栎更大的空间,表明其生态位所允许存在的地理空间范围更广。这与油松在太行山区当前的潜在适生区面积比例较大的结果一致。

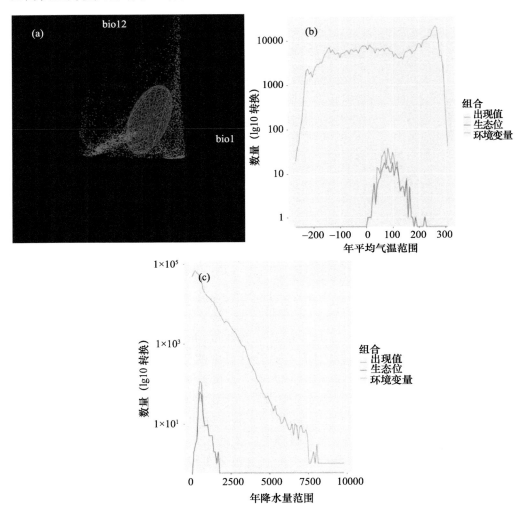

图 6.50　油松虚拟生态位构建及其在环境空间中的特征

6.2.5.3 扁担杆虚拟生态位的构建及其在 E 空间中的分布

图 6.51 显示了扁担杆在当前气候下的虚拟生态位空间分布,可以看出其对年降

水量的适应范围更大,而对年均温适应范围相对狭窄。该物种的 Occurrences 集中在狭长紫色椭球的左下部,基于 BAM 生态位理论,该种具有较大的潜力扩张其分布范围。图 6.51b 和图 6.51c 显示的 ENM 空间分布,较之 Occurrences 空间范围更大,表明其仍具有一定的地理空间分布潜力。

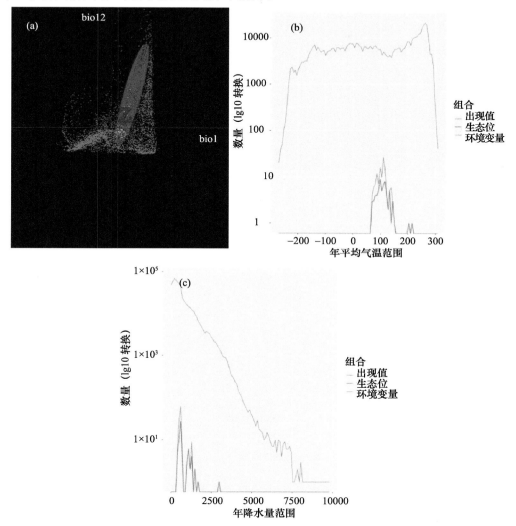

图 6.51　扁担杆虚拟生态位构建及其在环境空间中的特征

6.2.5.4　六道木虚拟生态位的构建及其在 E 空间中的分布

六道木的虚拟生态位(图 6.52a)为一接近球形(红色椭球),表明该物种同时具有较大的年平均气温和年降水量的适应范围。从图 6.52b 可知,该种的 ENM 较之 Occurrences 范围明显更广,表明在年平均气温维度其仍具有较大空间分布潜力。综上分析六道木 ENM 在 E 空间的分布特征,表明该物种可能具有较广的地理空间分布。

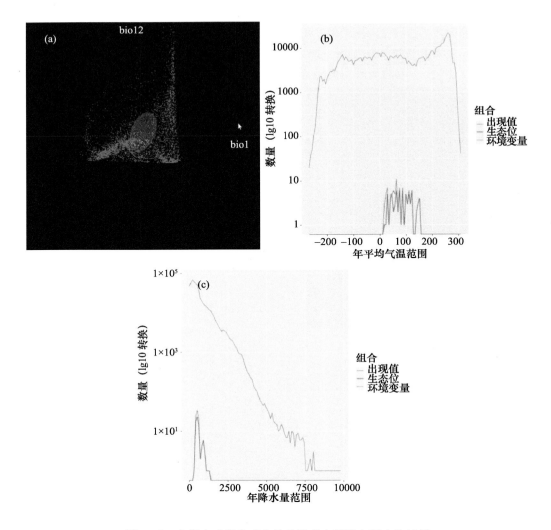

图 6.52　六道木虚拟生态位构建及其在环境空间中的特征

6.2.5.5　紫菀虚拟生态位的构建及其在 E 空间中的分布

对紫菀的虚拟生态位进行模拟,结果以一黄色多面体表示(图 6.53a)。多面体内的红色斑点代表物种出现记录,可以看出其 Occurrences 较为集中,表明其地理空间分布也可能相对集中。图 6.53b 和图 6.53c 显示紫菀在当前气候下的 ENM 占据相对较大的空间分布,表明其具有地理空间分布的较大潜力。与木本层和灌木层物种相比,紫菀的虚拟生态位允许其分布的范围(对 bio1 和 bio12 的适应)更广。

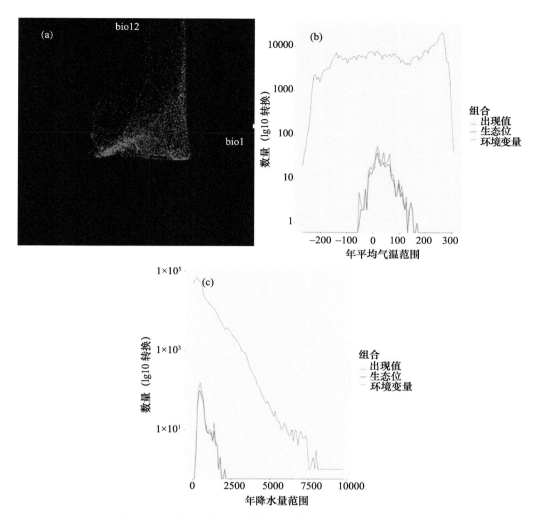

图 6.53　紫菀虚拟生态位构建及其在环境空间中的特征

6.2.5.6　委陵菜虚拟生态位的构建及其在 E 空间中的分布

委陵菜为当前气候下太行山区适生区潜在分布比例最大的物种,图 6.54a 显示了其当前气候下的虚拟生态位(黄色多面体),可以看出,委陵菜的虚拟生态位在环境空间占据较大范围,图 6.54b 和图 6.54c 也显示该种 ENM 在 E 空间分布较广,表明其生态位允许其有较大的地理空间分布潜力。这与其在太行山区的适生区面积分布结果相一致。

总体来看,草本植物的虚拟生态位较之木本和灌木种类具有更大的 E 空间分布,对温度和降水的适应范围相应更大,因此,草本植物具有更广泛的地理空间分布范围。

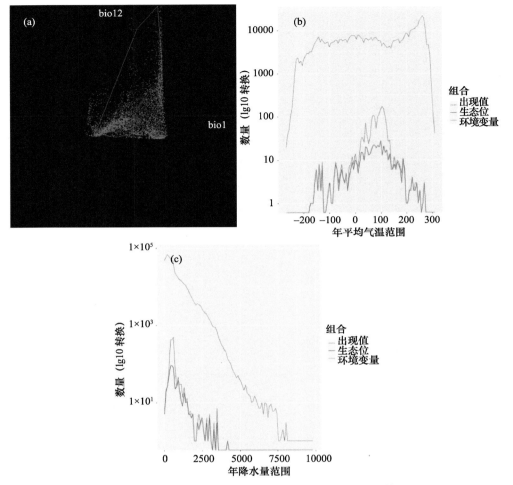

图 6.54 委陵菜虚拟生态位构建及其在环境空间中的特征

6.3 未来气候情景下太行山区垂直梯度植物群落分布变化预测

为了研究气候变化对太行山区垂直梯度植被分布格局的影响,本小节基于当前气候条件下太行山区垂直梯度上优势物种潜在适生区的分布预测结果,分别筛选出适生区面积比例最大和最小的各 3 个物种。以太行山区为研究范围,应用 Maxent 模型将 6 个物种的出现记录投射到未来 2 个时间段(2041—2060 年,2061—2080 年)共计 8 个不同气候情景中(RCP 2.6、RCP 4.5、RCP 6.0 和 RCP 8.5),模拟这些物种在未来不同气候情景下在太行山区的潜在适生区分布。将模拟结果导入 ArcMap 中,并进行重分类,得到各物种不同潜在适生区在太行山区的分布结果。应用"Zonal statistics as table"工具,分别计算出垂直梯度上 3 个分区(低山区、中山区和亚高山区)各物种的潜在适生区面积。将未来分布结果,与当前潜在分布进行面积对比,分析其空间分布及其在垂直梯度上的变化趋势。

在利用 Maxent 模型预测太行山区垂直梯度是优势物种在未来气候情景下潜在分布过程中,以 ROC 曲线对模型的精确度和可靠性进行了评价。统计了每种优势物种运用 Maxent 模型 10 次建模的平均 AUC 值,结果(表 6.6)显示:在未来两个时间段的 8 种典型浓度路径中,扁担杆和紫菀的建模 AUC 值均达到 0.9 以上,表明这 2 个物种的模型模拟达到了极准确的程度;蒙古栎、油松 2 个物种建模的平均 AUC 值几乎均在 0.8～0.9,表明模型模拟精确度达到了很准确的程度;委陵菜的建模 AUC 值均在 0.8 以上,其中两个时间段的 5 种典型浓度路径下建模的 AUC 值达到 0.9 以上,表明本种的模型模拟均在很准确的程度之上;六道木 75％的模型模拟 AUC 值在 0.7 以上,达到了较准确程度,其余的 25％ AUC 值在 0.6～0.7,模拟精确度稍差。总体来看,95.8％的模型模拟准确度均在"准确"程度之上,表明使用该预测方法模拟物种未来潜在分布的结果是可信的。

表 6.6 未来气候情景下太行山区垂直梯度优势物种 Maxent 建模的平均 AUC 值

物种	平均 AUC(2041—2060 年)				平均 AUC(2061—2080 年)			
	RCP 2.6	RCP 4.5	RCP 6.0	RCP 8.5	RCP 2.6	RCP 4.5	RCP 6.0	RCP 8.5
蒙古栎	0.825	0.825	0.895	0.831	0.814	0.775	0.866	0.896
油松	0.839	0.845	0.814	0.821	0.840	0.828	0.811	0.832
扁担杆	0.964	0.942	0.965	0.949	0.967	0.955	0.951	0.953
六道木	0.714	0.712	0.744	0.763	0.750	0.683	0.691	0.724
委陵菜	0.900	0.903	0.896	0.905	0.904	0.898	0.909	0.898
紫菀	0.956	0.948	0.945	0.952	0.942	0.939	0.952	0.951

为了研究未来两个时间段不同气候情景下植物群落的垂直潜在分布变化,基于 Maxent 预测结果,在 ArcMap 中分别统计了 8 种典型浓度路径下群落物种在垂直梯度 3 个分区中的分布面积,并将之与当前气候条件下的相应范围分布面积比较,分析其垂直分布在未来可能的变化趋势。

6.3.1 未来气候情景下群落优势物种潜在分布及变化趋势

6.3.1.1 蒙古栎(*Quercus mongolica*)

分析未来 2 个时间段内(2041—2060 年,2061—2080 年)不同情景下蒙古栎的潜在分布区变化,由图 6.55 和图 6.56 可以看出,与当前气候条件下本种的潜在分布相比,未来两个时间段的 8 种 RCPs 情景下,蒙古栎在太行山区的适生区范围增加明显。高适生区的范围扩展至山区西北部,当前气候下山区的蒙古栎非适生区,在 2050 时间段的 4 种情景下几乎全部转变成低适生区或中适生区,仅在 RCP 8.5 情景下,山区的东南边缘留有少量非适生区。2070 时间段的 4 种情景中,蒙古栎的非适生区分布范围稍有扩大,尤其在山区东南部的边缘地带(河南);RCP 6.0 情景下,山区南部边缘地带蒙古栎非适生区较之 2050 时间段相同情景下显著增加。

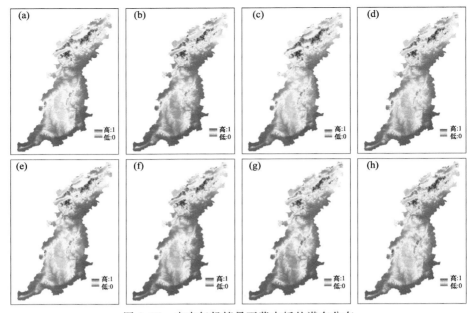

图 6.55　未来气候情景下蒙古栎的潜在分布

(a～h:代表不同典型浓度路径;a:2050 RCP 2.6;b:2050 RCP 4.5;c:2050 RCP 6.0;d:2050 RCP 8.5;
e:2070 RCP 2.6;f:2070 RCP 4.5;g:2070 RCP 6.0;h:2070 RCP 8.5)

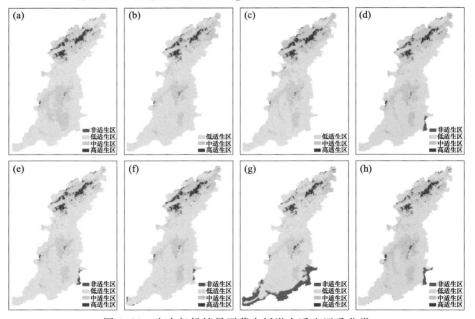

图 6.56　未来气候情景下蒙古栎潜在适生区重分类

(红色代表高适生区,黄色代表中适生区,绿色代表低适生区,蓝色代表非适生区;
a～h:代表不同典型浓度路径;a:2050 RCP 2.6;b:2050 RCP 4.5;c:2050 RCP 6.0;
d:2050 RCP 8.5;e:2070 RCP 2.6;f:2070 RCP 4.5;g:2070 RCP 6.0;h:2070 RCP 8.5)

对未来气候情景下该种在太行山区垂直梯度 3 个分区的适生区面积进行了统计,并与当前气候下相应区间的分布面积做了对比(表 6.7)。结果显示,垂直梯度 3 个分区中,蒙古栎高适生区在亚高山区急剧增加,中山区和低山区则下降明显,除了 RCP 6.0 情景外,蒙古栎的潜在高适生区在低山区和中山区全部消失,而转移到亚高山区。表明蒙古栎在未来气候情景下,其适生区有向更高海拔区间转移的趋势。

表 6.7　未来气候情景下蒙古栎在太行山区垂直梯度的潜在分布区变化

蒙古栎	分区	2050 时间段				2070 时间段			
		RCP 2.6	RCP 4.5	RCP 6.0	RCP 8.5	RCP 2.6	RCP 4.5	RCP 6.0	RCP 8.5
亚高山区 (>1500 m)	非适生区	-100.00%	-100.00%	-100.00%	-100.00%	-100.00%	-100.00%	-100.00%	-100.00%
	低适生区	-99.53%	-99.72%	-99.07%	-99.86%	-99.65%	-99.70%	-93.45%	-99.76%
	中适生区	235.35%	242.72%	206.56%	258.29%	238.96%	216.80%	254.68%	257.01%
	高适生区	665500.00%	642700.00%	762600.00%	591900.00%	654600.00%	729400.00%	539800.00%	595200.00%
中山区 (500~1500 m)	非适生区	-100.00%	-100.00%	-100.00%	-100.00%	-100.00%	-100.00%	-97.25%	-100.00%
	低适生区	72.08%	122.17%	65.48%	103.88%	106.66%	117.68%	129.05%	87.67%
	中适生区	297.42%	168.01%	312.09%	213.29%	205.58%	176.66%	133.81%	251.94%
	高适生区	-82.49%	-90.87%	-78.34%	-80.61%	-79.14%	-79.28%	-78.58%	-66.07%
低山区 (<500 m)	非适生区	-99.99%	-100.00%	-100.00%	-96.59%	-97.20%	-97.17%	-58.88%	-94.78%
	低适生区	519.18%	485.60%	511.45%	477.41%	501.63%	493.10%	282.97%	491.41%
	中适生区	-60.55%	33.62%	-37.85%	9.63%	-49.75%	-26.32%	35.22%	-54.48%
	高适生区	-100.00%	-100.00%	-100.00%	-100.00%	-100.00%	-100.00%	-99.82%	-100.00%

未来两个时间段的 4 种 RCPs 中,由 RCP 2.6 至 RCP 8.5,蒙古栎高适生区增加幅度有逐渐降低的趋势,表明人为干扰温室气体排放的力度越大(RCP 2.6 情景),越利于该种高适生区的增加。

6.3.1.2　油松(*Pinus tabuliformis*)

未来两个时间段内不同 RCPs 情景下油松的潜在分布区变化结果,如图 6.57 和图 6.58 所示。结果显示,与当前气候条件下本种的潜在分布相比,未来两个时间段的 8 种 RCPs 情景下,油松在太行山区的非适生区范围明显增加,主要集中在两个区域:太行山区中部的西坡和东南部的边界地带。高适生区的范围明显减少,当前油松的中适生区分布范围,大部分转变为低适生区。

对未来气候情景下本种在太行山区垂直梯度的 3 个分区进行了适生区面积的统计,并与当前气候下相应区间的分布做了对比(表 6.8)。结果表明,垂直梯度 3 个分区中,油松的高适生区和中适生区在垂直梯度的分布面积均有不同程度的下降,而低适生区和非适生区的面积则有不同程度的增加。从垂直梯度 3 个分区来看,亚高山区的非适生区分布急剧增加,中山区和低山区也有明显增加。说明油松在太行山区的适生程度在未来气候条件下大幅降低。

未来两个时间段的 8 种 RCPs 中,低山区油松的高适生区减少比例最大,接近全部消失(8 种 RCPs 情景下减少比例都在 95％以上);2070 时间段由 RCP 2.6 至 RCP 8.5,油松非适生区在亚高山区的增加比例升高显著,说明人为干扰温室气体排放的力度越大,在亚高山区越能控制其非适生区面积的增加。

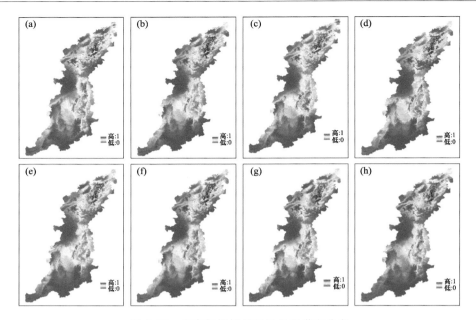

图 6.57　未来气候情景下油松的潜在分布

（a～h：代表不同典型浓度路径；a：2050 RCP 2.6；b：2050 RCP 4.5；c：2050 RCP 6.0；d：2050 RCP 8.5；
e：2070 RCP 2.6；f：2070 RCP 4.5；g：2070 RCP 6.0；h：2070 RCP 8.5）

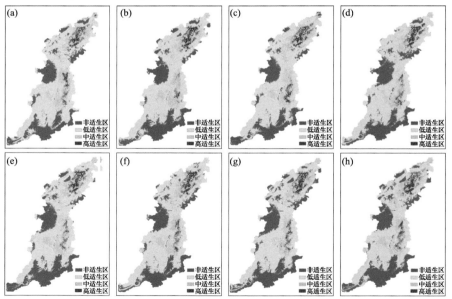

图 6.58　未来气候情景下油松潜在适生区重分类

（红色代表高适生区，黄色代表中适生区，绿色代表低适生区，蓝色代表非适生区；

a～h：代表不同典型浓度路径；a：2050 RCP 2.6；b：2050 RCP 4.5；c：2050 RCP 6.0；

d：2050 RCP 8.5；e：2070 RCP 2.6；f：2070 RCP 4.5；g：2070 RCP 6.0；h：2070 RCP 8.5）

表 6.8 未来气候情景下油松在太行山区垂直梯度的潜在分布区变化

油松	分区	2050 时间段				2070 时间段			
		RCP 2.6	RCP 4.5	RCP 6.0	RCP 8.5	RCP 2.6	RCP 4.5	RCP 6.0	RCP 8.5
亚高山区 (>1500 m)	非适生区	553900.00%	412000.00%	554100.00%	518800.00%	484200.00%	538400.00%	585000.00%	588500.00%
	低适生区	451.19%	506.84%	409.90%	440.26%	469.17%	442.07%	432.28%	436.68%
	中适生区	-88.45%	-88.73%	-83.69%	-85.39%	-86.41%	-88.22%	-89.17%	-89.09%
	高适生区	-91.73%	-77.87%	-84.00%	-86.11%	-88.90%	-80.81%	-86.25%	-91.00%
中山区 (500~1500 m)	非适生区	4185.99%	4969.24%	4103.22%	4733.17%	5535.59%	4158.13%	4951.69%	5466.18%
	低适生区	147.83%	134.21%	138.20%	144.64%	110.85%	150.24%	134.53%	112.94%
	中适生区	-67.48%	-67.89%	-64.76%	-71.13%	-64.54%	-68.29%	-69.18%	-65.39%
	高适生区	-66.82%	-70.13%	-62.72%	-64.61%	-68.07%	-66.12%	-64.90%	-65.46%
低山区 (<500 m)	非适生区	766.23%	806.44%	786.05%	884.13%	822.72%	817.60%	967.95%	920.13%
	低适生区	80.99%	82.08%	79.01%	76.85%	85.79%	81.15%	67.29%	70.71%
	中适生区	-77.20%	-80.25%	-77.02%	-82.51%	-83.30%	-80.86%	-83.20%	-81.99%
	高适生区	-96.98%	-98.35%	-98.55%	-98.62%	-98.89%	-96.50%	-97.11%	-96.50%

6.3.1.3 扁担杆(*Grewia biloba*)

未来两个时间段内不同 RCPs 情景下扁担杆的潜在分布区变化结果,如图 6.59 和图 6.60 所示。由结果可以看出,未来两个时间段内,扁担杆的适生区范围较之当前分布明显压缩,适生区范围主要集中在山区中部的东坡,南部和北部大部分区域转变为非适生区。

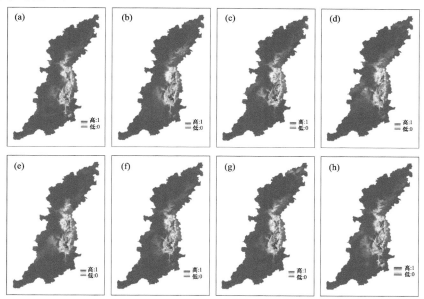

图 6.59 未来气候情景下扁担杆的潜在分布

(a~h:代表不同典型浓度路径;a:2050 RCP 2.6;b:2050 RCP 4.5;c:2050 RCP 6.0;d:2050 RCP 8.5;
e:2070 RCP 2.6;f:2070 RCP 4.5;g:2070 RCP 6.0;h:2070 RCP 8.5)

由表 6.9 结果可以看出,与当前气候条件下本种的潜在分布区相比,未来两个时间段的 8 种 RCPs 情景下,扁担杆在太行山区的适生区大范围下降,尤其是亚高山区,该种的高、中和低适生区接近全部消失,而非适生区分布急剧增加。中山区和低山区中,8 种 RCPs 情景具有相似的趋势:适生区面积大幅下降,非适生区面积大幅增加。从垂直梯度 3 个分区的分布结果来看,未来气候情景下,亚高山区已不适合扁担杆的分布,在 8 种 RCPs 情景下其高适生区在低山区均减少 90％以上,表明未来气候情景下扁担杆的少量高适生区主要集中在中山区。

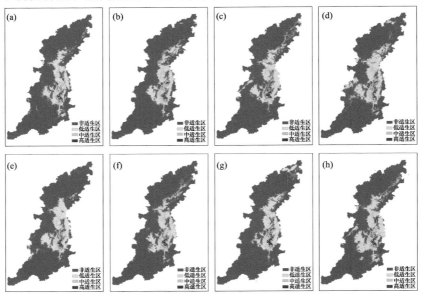

图 6.60　未来气候情景下扁担杆潜在适生区重分类

(红色代表高适生区,黄色代表中适生区,绿色代表低适生区,蓝色代表非适生区;
a～h:代表不同典型浓度路径;a:2050 RCP 2.6;b:2050 RCP 4.5;c:2050 RCP 6.0;
d:2050 RCP 8.5;e:2070 RCP 2.6;f:2070 RCP 4.5;g:2070 RCP 6.0;h:2070 RCP 8.5)

表 6.9　未来气候情景下扁担杆在太行山区垂直梯度的潜在分布区变化

扁担杆	分区	2050时间段				2070时间段			
		RCP 2.6	RCP 4.5	RCP 6.0	RCP 8.5	RCP 2.6	RCP 4.5	RCP 6.0	RCP 8.5
亚高山区 (>1500 m)	非适生区	1789700.00%	1799500.00%	1799300.00%	1793500.00%	1793700.00%	1793900.00%	1793200.00%	1793900.00%
	低适生区	-99.69%	-99.95%	-99.99%	-99.95%	-99.96%	-99.97%	-99.93%	-99.97%
	中适生区	-100.00%	-100.00%	-100.00%	-100.00%	-100.00%	-100.00%	-100.00%	-100.00%
	高适生区	-100.00%	-100.00%	-100.00%	-100.00%	-100.00%	-100.00%	-100.00%	-100.00%
中山区 (500~1500 m)	非适生区	93.39%	93.75%	96.27%	84.63%	91.95%	91.48%	95.64%	81.55%
	低适生区	-71.15%	-73.07%	-74.29%	-62.94%	-72.31%	-69.48%	-74.06%	-59.95%
	中适生区	-61.24%	-54.88%	-64.37%	-59.60%	-53.43%	-61.11%	-60.53%	-60.62%
	高适生区	-48.94%	-47.70%	-41.30%	-50.64%	-40.52%	-47.33%	-42.34%	0.00%
低山区 (<500 m)	非适生区	125.72%	120.02%	97.84%	103.08%	109.26%	122.03%	107.24%	100.71%
	低适生区	-40.18%	-35.67%	-9.36%	-14.34%	-23.63%	-35.23%	-20.28%	-24.24%
	中适生区	-85.93%	-84.25%	-85.33%	-86.63%	-84.16%	-86.81%	-84.72%	-86.70%
	高适生区	-93.90%	-92.86%	-97.06%	-96.12%	-94.44%	-93.48%	-97.13%	-89.37%

6.3.1.4　六道木(*Zabelia biflora*)

当前气候条件下对六道木潜在分布结果分析可知,现阶段六道木在太行山区的适生区范围极广,仅在东南部边缘、中部边缘地带有极少量非适生区分布。对未来两个时间段内不同 RCPs 情景下六道木的潜在分布区预测,结果如图 6.61 和图 6.62所示。结果表明,六道木在太行山区的适生区范围有明显减少,高适生区被压缩到山区东北部,其他地区的适生等级均有所下降,且非适生区面积显著增加。

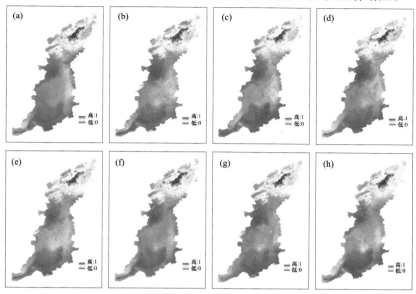

图 6.61　未来气候情景下六道木的潜在分布

注:a~h:代表不同典型浓度路径;a:2050 RCP 2.6;b:2050 RCP 4.5;c:2050 RCP 6.0;d:2050 RCP 8.5;
e:2070 RCP 2.6;f:2070 RCP 4.5;g:2070 RCP 6.0;h:2070 RCP 8.5

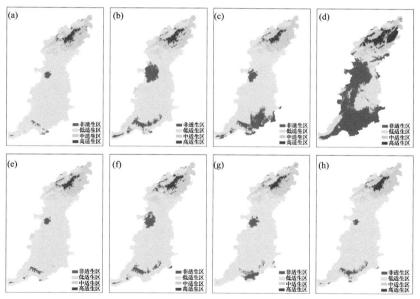

图 6.62　未来气候情景下六道木潜在适生区重分类

(红色代表高适生区,黄色代表中适生区,绿色代表低适生区,蓝色代表非适生区;

a~h:代表不同典型浓度路径;a:2050 RCP 2.6;b:2050 RCP 4.5;c:2050 RCP 6.0;

d:2050 RCP 8.5;e:2070 RCP 2.6;f:2070 RCP 4.5;g:2070 RCP 6.0;h:2070 RCP 8.5)

2050 时间段的 4 种 RCPs 情景中,由 RCP 2.6 至 RCP 8.5,六道木的非适生区面积逐渐加大,至 RCP 8.5 情景下,非适生区面积扩展至山区中南部西坡和山区南部。2070 时间段的 4 种 RCPs 情景中,该种的非适生区较 2050 时间段有明显降低,4 种 RCPs 情景下六道木的潜在分布变化不明显。

对当前和未来气候情景下六道木适生区在垂直梯度上的面积变化进行统计,结果如表 6.10 所示。可以看出,与当前气候相比,未来两个时间段的 8 种 RCPs 情景下,六道木在太行山区的高适生区和中适生区均有所下降,尤其是低山区,该种的高适生区基本消失。而在中山区和亚高山区,本种的非适生区大幅度增加,低适生区增加也较为明显,而中适生区和高适生区均大范围减少。总体来看,未来气候情景下,六道木在太行山区的潜在适生区分布大幅减少,大部分区域适生等级下降,非适生区面积增加。未来两个时间段中,由 RCP 2.6 至 RCP 8.5,六道木的非适生区比例逐渐加大,表明人为干扰温室气体排放的情况下,可减缓该物种的非适生程度的加剧。

表 6.10　未来气候情景下六道木在太行山区垂直梯度的潜在分布区变化

六道木	分区	2050 时间段				2070 时间段			
		RCP 2.6	RCP 4.5	RCP 6.0	RCP 8.5	RCP 2.6	RCP 4.5	RCP 6.0	RCP 8.5
亚高山区 (>1500 m)	非适生区	47200.00%	111300.00%	112600.00%	411200.00%	55000.00%	67100.00%	28100.00%	62900.00%
	低适生区	1349.91%	1220.83%	1538.55%	653.36%	1485.03%	1194.84%	1337.52%	1352.67%
	中适生区	-7.82%	-6.72%	-37.87%	-36.51%	-25.04%	-9.89%	-4.05%	-11.69%
	高适生区	-70.68%	-70.33%	-69.02%	-50.89%	-68.73%	-63.22%	-70.44%	-70.06%
中山区 (500~1500 m)	非适生区	62.76%	1073.33%	1016.02%	4861.38%	141.92%	635.25%	251.72%	239.62%
	低适生区	370.53%	304.15%	303.65%	68.48%	357.18%	337.63%	361.94%	352.21%
	中适生区	-76.59%	-74.99%	-72.64%	-76.97%	-73.47%	-77.30%	-76.77%	-74.51%
	高适生区	-91.43%	-89.18%	-94.37%	-66.63%	-93.60%	-89.17%	-92.92%	-90.77%
低山区 (<500 m)	非适生区	-70.05%	-72.05%	246.05%	809.48%	-92.00%	-87.19%	73.67%	-69.14%
	低适生区	222.34%	226.99%	174.38%	86.60%	219.26%	228.25%	195.58%	224.47%
	中适生区	-76.18%	-77.65%	-75.56%	-81.14%	-72.89%	-77.18%	-73.54%	-76.71%
	高适生区	-97.34%	-99.84%	-99.45%	-61.28%	-100.00%	-100.00%	-100.00%	-100.00%

6.3.1.5　委陵菜(*Potentilla chinensis*)

对未来 2 个时间段内不同 RCPs 情景下委陵菜的潜在分布区预测,结果如图 6.63 和图 6.64 所示。结果表明,委陵菜在太行山区的适生区分布范围大幅度减少,当前气候条件下的大面积高适生区,被压缩到仅在太行山区中部的东坡余有少量面积。而非适生区的面积显著增加,集中分布于太行山区中部西坡和西南部。中适生区和低适生区被压缩至山区中部和北部东坡的狭窄地带(河北和北京为主)。总体来看,太行山区委陵菜在未来气候情景下的分布结果,表明东坡较之西坡更适宜其分布。

未来两个时间段内,2070 时间段的 4 种 RCPs 情景中委陵菜的非适生区范围较之 2050 时间段分别有所增加,而高适生区范围则有减少的趋势。两个时间段的 4 种 RCPs 情景之间,该种的适生区潜在分布变化不明显。

对当前和未来气候情景下委陵菜适生区在垂直梯度上的面积变化进行统计,结果如表 6.11 所示。结果表明,与当前气候相比,未来两个时间段的 8 种 RCPs 情景下,委陵菜在太行山区的高适生区和中适生区均呈现不同程度的下降,尤其是亚高山区,该种的高适生区基本完全消失。而该种的非适生区的分布在垂直梯度 3 个分区均大幅增加,尤其是中山区增加幅度最大,其次为亚高山区和低山区。委陵菜的低适生区潜在分布,在垂直梯度 3 个分区也呈现不同程度的增加,增加趋势为亚高山区＞中山区＞低山区。

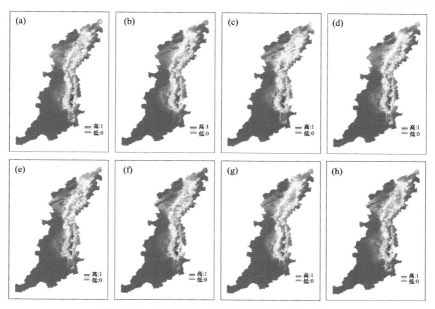

图 6.63　未来气候情景下委陵菜的潜在分布

(a~h:代表不同典型浓度路径;a:2050 RCP 2.6;b:2050 RCP 4.5;c:2050 RCP 6.0;d:2050 RCP 8.5;

e:2070 RCP 2.6;f:2070 RCP 4.5;g:2070 RCP 6.0;h:2070 RCP 8.5)

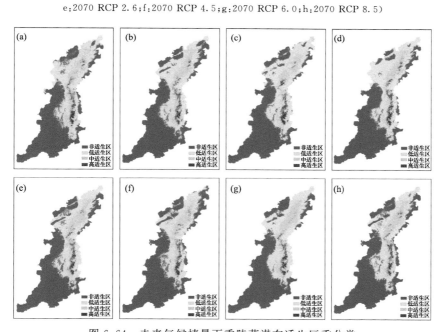

图 6.64　未来气候情景下委陵菜潜在适生区重分类

(红色代表高适生区,黄色代表中适生区,绿色代表低适生区,蓝色代表非适生区;

a~h:代表不同典型浓度路径;a:2050 RCP 2.6;b:2050 RCP 4.5;c:2050 RCP 6.0;

d:2050 RCP 8.5;e:2070 RCP 2.6;f:2070 RCP 4.5;g:2070 RCP 6.0;h:2070 RCP 8.5)

表 6.11　未来气候情景下委陵菜在太行山区垂直梯度的潜在分布区变化

委陵菜	分区	2050时间段				2070时间段			
		RCP 2.6	RCP 4.5	RCP 6.0	RCP 8.5	RCP 2.6	RCP 4.5	RCP 6.0	RCP 8.5
亚高山区 (>1500 m)	非适生区	16021.28%	12448.94%	14410.64%	13144.68%	16280.85%	13955.32%	13714.89%	15608.51%
	低适生区	1453.44%	1637.44%	1578.56%	1605.12%	1440.96%	1629.28%	1456.00%	1468.96%
	中适生区	-87.78%	-77.92%	-87.28%	-80.25%	-88.88%	-90.31%	-67.96%	-85.96%
	高适生区	-99.97%	-100.00%	-100.00%	-100.00%	-99.87%	-99.92%	-99.97%	-100.00%
中山区 (500~1500 m)	非适生区	109050.75%	114326.87%	112922.39%	104991.04%	115055.22%	120619.40%	113586.57%	112538.81%
	低适生区	183.45%	165.19%	175.36%	217.87%	155.86%	136.82%	157.90%	176.96%
	中适生区	-67.41%	-69.35%	-70.22%	-77.67%	-67.95%	-70.71%	-66.40%	-69.01%
	高适生区	-94.86%	-95.16%	-95.42%	-94.26%	-95.40%	-95.26%	-95.65%	-95.90%
低山区 (<500 m)	非适生区	4156.68%	4262.11%	3499.69%	4120.34%	3980.90%	4442.24%	3870.50%	4573.60%
	低适生区	5.43%	0.43%	27.05%	8.37%	14.32%	-5.45%	13.20%	-19.01%
	中适生区	-45.26%	-45.43%	-40.66%	-47.84%	-46.12%	-46.50%	-42.55%	-40.72%
	高适生区	-94.23%	-93.88%	-92.61%	-93.05%	-94.28%	-94.48%	-93.03%	-93.86%

　　总体来看，未来气候情景下，委陵菜在太行山区的潜在适生区分布大幅减少，大部分区域适生等级下降，非适生区面积大范围增加。

6.3.1.6　紫菀（*Aster tataricus*）

　　对未来 2 个时间段内不同 RCPs 情景下太行山区紫菀的潜在分布进行了预测，如图 6.65 和图 6.66 所示。结果表明，紫菀在太行山区的适生区分布范围大幅度减少，当前气候条件下的大范围适生区，被压缩到太行山区的东北部。而非适生区的范围大幅度增加，太行山区中部和南部大部分区域转变为非适生区，仅在中南部的东坡山地余有小范围低适生区分布。紫菀高适生区的分布面积进一步压缩，集中在山区北部的东坡。总体来看，太行山区紫菀在未来气候情景下的分布，北部较之中、南部更为适宜。

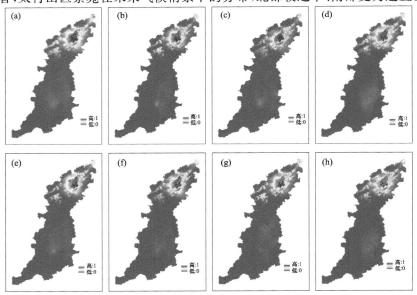

图 6.65　未来气候情景下紫菀的潜在分布

（a～h：代表不同典型浓度路径；a：2050 RCP 2.6；b：2050 RCP 4.5；c：2050 RCP 6.0；d：2050 RCP 8.5；
e：2070 RCP 2.6；f：2070 RCP 4.5；g：2070 RCP 6.0；h：2070 RCP 8.5）

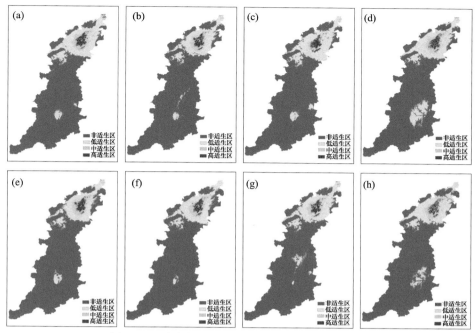

图 6.66　未来气候情景下紫菀潜在适生区重分类

（红色代表高适生区，黄色代表中适生区，绿色代表低适生区，蓝色代表非适生区；
a～h：代表不同典型浓度路径；a：2050 RCP 2.6；b：2050 RCP 4.5；c：2050 RCP 6.0；
d：2050 RCP 8.5；e：2070 RCP 2.6；f：2070 RCP 4.5；g：2070 RCP 6.0；h：2070 RCP 8.5）

　　未来两个时间段内，2070 时间段的 4 种 RCPs 情景中紫菀的适生区范围较之 2050 时间段更为狭窄，其适生区均集中在山区的北部，本种在 2070 时间段较之 2050 时间段的适生等级有所下降；而山区中南部的适生区分布范围进一步减少。

　　对当前和未来气候情景下紫菀适生区在垂直梯度上的面积变化进行统计，如表 6.12 所示。结果表明，与当前气候相比，未来 2 个时间段的 8 种 RCPs 情景下，紫菀在太行山区的适生区呈现大幅下降，尤其是低山区，该种的高适生区完全消失；在中山区，该种的高适生区也有较大范围下降，在亚高山区其下降趋势稍缓。紫菀的非适生区分布在垂直梯度 3 个分区均有所增加，尤其是亚高山区增加幅度最大，其次为中山区和低山区。

　　从表 6.12 可知，未来气候情景下，紫菀的高适生区在低山区完全消失，而亚高山区其高适生区下降趋势最小，表明较高海拔更适宜其分布。

6.3.2　太行山区群落优势物种适生区平均海拔变化趋势

　　研究表明，全球变暖可通过引起物种范围的扩张、移动或收缩而对物种的分布产生重大影响（Lenoir et al.，2008）。本节分别计算了当前与未来气候情景下，太行山区垂直梯度植物群落优势物种适生区潜在分布的平均海拔，来研究在气候变化背景下太行山区植被的垂直变化趋势。

表 6.12   未来气候情景下紫菀在太行山区垂直梯度的潜在分布区变化

紫菀	分区	2050 时间段				2070 时间段			
		RCP 2.6	RCP 4.5	RCP 6.0	RCP 8.5	RCP 2.6	RCP 4.5	RCP 6.0	RCP 8.5
亚高山区 (>1500 m)	非适生区	8276.74%	9832.56%	9768.60%	9220.93%	10577.91%	10206.98%	8037.21%	9452.33%
	低适生区	-1.09%	-17.45%	-11.26%	-13.70%	-22.08%	-18.57%	-0.86%	-12.62%
	中适生区	-75.71%	-72.93%	-82.50%	-74.39%	-77.85%	-76.72%	-67.72%	-74.02%
	高适生区	-46.65%	-57.99%	-45.46%	-45.87%	-55.52%	-56.40%	-60.67%	-56.27%
中山区 (500~1500 m)	非适生区	293.73%	305.72%	298.60%	266.98%	301.31%	306.74%	300.32%	289.23%
	低适生区	-76.60%	-78.26%	-74.72%	-66.76%	-77.58%	-78.40%	-77.23%	-73.26%
	中适生区	-68.09%	-75.44%	-78.86%	-67.01%	-72.77%	-75.36%	-73.02%	-71.09%
	高适生区	-68.39%	-70.90%	-72.32%	-74.58%	-70.66%	-73.60%	-69.65%	-76.17%
低山区 (<500 m)	非适生区	20.42%	30.23%	19.27%	25.74%	30.82%	28.75%	28.01%	26.53%
	低适生区	-48.43%	-72.36%	-44.13%	-61.22%	-73.90%	-68.81%	-66.77%	-63.25%
	中适生区	-75.56%	-98.88%	-99.86%	-92.32%	-98.32%	-93.99%	-97.21%	-92.04%
	高适生区	-100.00%	-100.00%	-100.00%	-100.00%	-100.00%	-100.00%	-100.00%	-100.00%

6.3.2.1　乔木层

分别对 6 个优势物种适生区的当前分布和未来两个时间段(2041—2060 年，2061—2080 年)的 8 个典型浓度路径(RCPs)下的潜在分布区平均海拔进行了统计分析。乔木层选择当前气候下太行山区适生区分布最广的油松和分布范围最小的蒙古栎 2 个优势乔木种，分别统计了其高适生区、中适生区和低适生区的平均海拔(图 6.67、图 6.68)的变化。

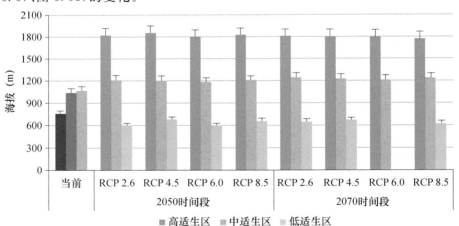

图 6.67   太行山区蒙古栎适生区的平均海拔

在未来 2 个时间段中，蒙古栎的高适生区和中适生区平均海拔均有了显著升高，尤其是其高适生区的平均海拔升高了 200% 以上，由中山区转移到亚高山区；中适生区平均海拔在未来气候情景下也有明显升高，但其转移均在中山区范围内；低适生区的平均海拔在未来下降至中山区的下限。总体来看，未来气候条件下，亚高山区较高海拔更适宜蒙古栎的分布。

由图 6.68 可以看出，未来气候下油松的高适生区平均海拔较之当前有所升高，但上升幅度不大，均在中山区范围移动；中适生区的平均海拔在未来气候下有轻微下降;低适生区则有轻微升高。不同等级的适生区平均海拔变化,均在中山区范围内移动,表明中等海拔仍是油松的适宜分布高度。

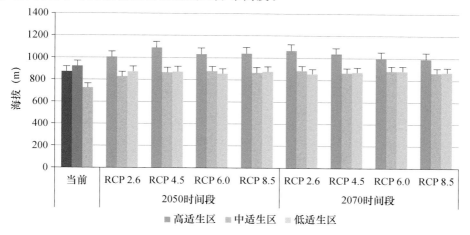

图 6.68　太行山区油松适生区的平均海拔

综合上述乔木层的 2 个优势物种适生区平均海拔的变化,可知当前适生区分布较广的油松,在未来气候条件下其适生区大范围减少,高适生区向较高海拔转移;当前适生区分布范围较小的蒙古栎,未来气候下其适生区范围扩张明显,适生区大范围向亚高山区转移。

6.3.2.2　灌木层

灌木层选择当前气候下太行山区适生区分布最广的六道木和分布范围最小的扁担杆 2 个优势物种,分别统计了其高适生区、中适生区和低适生区的平均海拔(图 6.69、图 6.70)的变化。

在未来两个时间段中,扁担杆的高适生区和中适生区平均海拔均有了一定升高(图 6.69),但升高幅度不大,平均海拔仅从中山区下限向上出现小幅提升。当前扁担杆的低适生区平均海拔最高,表明当前气候下较高海拔不适宜扁担杆的分布;而在未来两个时间段气候情景下,低适生区平均海拔显著下降,说明未来气候条件下,扁担杆的低适生区向低海拔有了迁移,更多较高海拔区域成为扁担杆的非适生区,这与前面扁担杆面积分布的变化趋势结果一致。

图 6.70 显示了六道木的适生区平均海拔变化,结果表明未来气候下六道木的适生区平均海拔较之当前均有所升高,尤其是高适生区的平均海拔由中山区转移到了亚高山区;当前气候下六道木在太行山区的分布范围极广,中、高适生区占山区面积比例高达 79.79%,且大部分集中在中山区。结合前面六道木适生区面积变化的结果可知,未来气候情景下六道木的中、高适生区平均海拔均均有所提升,但其分布面积却大幅萎缩,适生区转移到更高的海拔,尤其是高适生区被挤压到亚高山区。这也说明六道木在未来气候情景下,将更倾于向温度偏低的亚高山区转移。

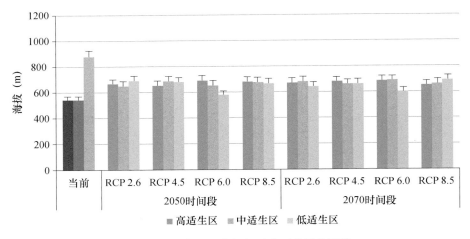

图 6.69　太行山区扁担杆适生区的平均海拔

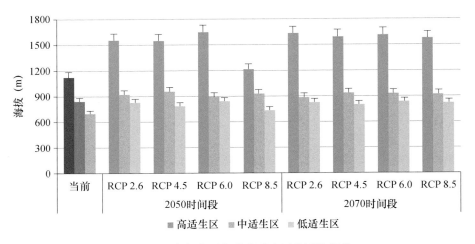

图 6.70　太行山区六道木适生区的平均海拔

综合上述灌木层的 2 个优势物种的适生区海拔变化,可知在未来气候条件下灌木层的适生区将向更高的海拔转移,当前气候下的高、中适生区,未来气候下在垂直梯度 3 个分区均明显减少,或转移为低适生区和非适生区。

6.3.2.3　草本层

草本层选择当前气候下太行山区适生区分布最广的委陵菜和分布范围最小的紫菀 2 个优势物种,分别统计了其高适生区、中适生区和低适生区的平均海拔(图 6.71、图 6.72)的变化。

在未来两个时间段内,委陵菜的高适生区和中适生区平均海拔均明显降低,而低适生区平均海拔则显著升高,表明气候变化背景下委陵菜的分布有向低海拔转移的趋势(图 6.71)。结果表明,委陵菜的高、中适生区的分布面积在未来均有不同程度减少;而其在亚高山区的高适生区几近消失,同时其低适生区和非适生区则显著增加,表明各分区委陵菜的适生等级均有下降趋势。

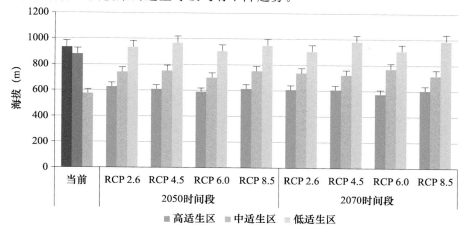

图 6.71　太行山区委陵菜适生区的平均海拔

图 6.72 分析了未来气候条件下紫菀适生区平均海拔的变化,结果表明未来气候下紫菀的高适生区平均海拔有了明显升高,未来两个时间段的 RCP 8.5 情景下,其平均海拔接近亚高山区;中适生区平均海拔则略有降低,低适生区平均海拔变化不大。未来两个时间区间,由 RCP 2.6 至 RCP 8.5,紫菀的高适生区平均海拔逐渐升高,意味着同一时间段,温室气体排放越多,其高适生区的平均海拔越高。

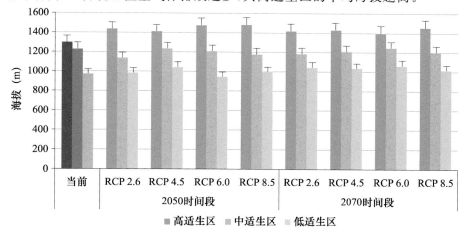

图 6.72　太行山区紫菀适生区的平均海拔

综合上述草本层的 2 个优势物种适生区平均海拔的变化,可知在未来气候条件下,委陵菜的适生区有向低海拔转移的趋势;当前适生区分布范围较小的紫菀,未来气候下其适生区范围进一步萎缩,而其高适生区有向较高海拔转移的趋势。

第7章 太行山区植被分布研究展望

7.1 多方法、多尺度和多角度综合运用

    山地植物群落的垂直分布及变化规律的研究也具有较长的研究历史,本领域当前的研究范围已扩展到全球各个角落,技术手段也日渐成熟,然而对山地植被垂直分布格局及其形成机制,并未形成统一的共识。因此,依靠单一方法和技术,必将难以寻求突破。在这种背景下,多种技术方法的联合,比如结合植物区系分类、群落分类、植被类型分类、生物多样性指数、遥感影像等技术方法;依托于多研究尺度,如:物种、种群、群落、生态系统乃至大陆板块等尺度,从理论、技术、模型的多种角度共同探寻有关山地物种垂直分布共性的规律,才可以真正揭示其分布特征和变化趋势。

7.2 物种分布模型的应用

    对山地植被的空间分布的研究,可追溯到20世纪初,其研究方法从最初较为简单的形态描述、环境描述,过渡到应用一些多样性指数(α多样性、β多样性等)来反映植被的空间集合特征。20世纪末以来,"3S"技术也被纳入到这一研究领域。而物种分布模型,特别是基于生态位理论的物种分布模型,近年来应用越来越广泛。物种的分布格局,决定于物种自身的生物学特性及其与环境之间的相互作用。而植被的分布格局,则是涵盖了所有植物的景观、生态系统、群落和物种的集合,其空间分布格局及形成机理极为复杂。以物种的分布记录为基础数据,结合与之密切联系的环境因素来分析物种或群落的空间分布,借此来反映植被的空间分布格局,越来越受到重视和广泛应用。基于生态位理论,每个物种均有其特定的生态位,其生态位特征决定了它在地理空间中的潜在分布范围。21世纪初出现的BAM生态位(Peterson et al.,2005)概念,通过物种的生物环境、非生物环境和迁移能力,构建了物种的基础生态位和现实生态位模型,可通过显示物种的出现记录及其环境因子,通过模型机器学习的特性,计算出与之生境相似的其他地理空间,这就是物种的潜在分布空间。此外,还可把相似的操作,投射到未来气候的情景模式下,来推算预测物种在未来的潜在分布。总之,物种分布模型的出现,不但可与ArcGIS结合使物种分布可视化,更加可以直观、灵活和科学地选取研究类群和研究区域,为物种时空分布这一经典研究领域注入新的活力。

7.3　虚拟生态位的构建

物种在山地的空间分布,与其生存环境有关,更与其自身特性关联。一个物种在生态系统中所占有的角色和地位,是其空间分布的决定因素。在进行山地物种空间分布研究时,以往的注意力往往集中在该物种在生态环境中表现出来的特性,比如海拔分布、分布范围、群落丰富度、多样性指数等,通过这些参数,可以对物种的分布现状和规律作出判断,但往往对其形成机制并不能完全确定。因此,研究物种自身的生态位,从而再探究其空间分布,可能会产生事半功倍的效果。尽管物种的分布受环境因素的影响,物种对其生存环境的条件具有倾向性,而往往这种倾向性,正是物种自身的生态位特性决定的。因此,本研究在探讨物种分布的特征和变化趋势时,也选择生态位分析师软件,对物种的虚拟生态位进行了模拟,通过该生态位在基础环境空间中的分布特性,可以判断该物种对环境因素的选择倾向,从而判断其地理空间分布及变化趋势。总之,应用虚拟生态位方法研究物种分布,为这一领域开拓了一种新的可能、一个新的方向。

7.4　气候变化的影响

本研究应用物种分布模型(本研究选用 Maxent 模型),预测了当前气候条件下太行山区垂直梯度植物群落优势物种的潜在适生区分布,同时,将当前气候下的物种出现记录,投射到未来气候情景下,分析了未来两个时间段(2041—2060 年,2061—2080 年)的典型浓度路径 RCPs(RCP 2.6、RCP 4.5、RCP 6.0 和 RCP 8.5)情景下的潜在分布格局,将预测结果与当前物种分布比较研究,发现气候变化对太行山区植物的潜在分布产生了巨大影响。首先,大部分预测物种在未来气候情景下的适生区面积大幅减少,或者适生等级下降;其次,大部分预测物种的适生区海拔,有向更高海拔转移的趋势;最后,物种的非适生区或低适生区的面积显著增加。从 4 种典型浓度路径来看,人为干扰温室气体排放力度最大的 RCP 2.6 情景,较之温室气体不加以节制的 RCP 8.5 情景,有减缓物种适生区向高海拔转移的趋势。总之,气候变化对物种的空间分布,乃至生存都将产生重要影响,保护环境、保护生物多样性、减少污染排放,才能有效减缓气候变化带来的影响。

7.5　时间尺度上的深入探讨

山地植被的分布变化,是一个长期且动态的过程(文献),单一时间段的研究,无法反映植被变化的全貌,对理解其空间分布格局及形成机制有所局限。因此,在气候变化背景下基于长时间序列来探讨太行山区的植被变化,显得尤为必要。其优点在于:弱化了短时间区间气候变化对植被带来的暂时影响,从而减小对物种分布趋势理解带来的偏差;可以总体了解气候变化对物种分布的影响,从而在进行物种分布形成机制或影响因素分析时,可以总体把握环境因素的效应;植被的长期变化,必然形成有迹可循的规律,长时间序列的研究,更容易了解这种规律,从而揭示物种分布的机制。本研究中从时间尺度上采用了 3 个时间段:过去(2000—2015 年),以太行山植被 NDVI 为基础数据,探讨了在过去 16 年植被的空间分布和变化;当前(2016—2019 年),基于当前气候条件下太行山区植被的分布现状,野外实地结合文献检索,调查了太行山区植物物种、群落、生态系统等尺度的分布数据,分析植被的垂直分异特征和群落演替规律;未来两个时间段(2041—2060 年,2061—2080 年),预测了太行山区植物群落优势物种的潜在分布格局及变化趋势。长时间序列的研究,对本研究的目标实现起到了积极作用。

7.6　未来研究展望

本书从空间尺度研究了太行山区植被的垂直分布、垂直演替及其影响因素,并从时间尺度上探讨了植被的时空变化格局,分析了植被分布和形成的影响因素,并预测了其未来空间分布的变化趋势。但以下几个方面仍有待于进一步深入研究。

(1)山地的植被是其生态系统服务功能的基础,植被的空间分布及其时空变化,势必会对山地的生态系统服务功能带来重要且持续的影响。前人的研究已经表明,太行山区垂直梯度上的生态系统服务,呈现出明显的梯度特征,且按照生态系统服务的不同功能及贡献,将太行山区从垂直梯度划分为 3 个分区(低山区、中山区和亚高山区)和两个关键过渡带(500~600 m,1400~1500 m)(高会 等,2018)。对于生态系统服务功能的垂直分布结构,其对应梯度的植被及生态系统处于什么样的角色,发挥什么样的作用,有待于进一步深入探究。根据本研究的结果,太行山区的植被在过去 16 年的时间里发生了重要的变化,尽管太行山植被整体趋于好转,然而,对未来该区域植物群落潜在分布的预测,结果并不十分乐观,一定比例的物种在该区域的适生区区域减少明显。这种情况下,鉴于太行山区在京津冀经济圈及华北平原环境保护和生态系统服务供给等方面的重要角色,加大对该区域生态系统服务与植被变化关系的研究,协调经济发展与生态保护的平衡,在未来一定时期内值得加以更多关注。

(2)植被的时空变化是一个复杂的过程,植物的物种之间、群落之间、生态系统之间时刻发生着相互作用。因此,研究植被的分布和变化,有必要从植物类群的区系组成、谱系演化等方面加大研究力度。植物区系的形成与其地理环境密不可分,环境因子的变化,植物区系的组成也会产生影响。而植物的谱系,主要是利用遗传信息来研究基因谱系的地理分布,主要应用范围在于解密种群结构的时空组分,解释进化和生态过程(王野影 等,2018)。通过遗传数据推断太行山区的生物多样性起源、分布和维持机制等,从物种自身的演化规律对该区域的植被分布机制和变化趋势进行判断。如此,将植物自身演化和环境驱动内外因素结合起来,更利于对太行山区植被时空变化进行理解和判断。

(3)在研究过程中,通过生态位模型对物种分布进行了初步研究。主要是通过生态位理论,基于物种在生态环境中的角色和地位,并通过模型对物种的这一特征进行了模拟,也可以认为是从物种自身在自然界中的分布潜力,对其可能的分布进行判断。这一方法论主要是基于 BAM 现代生态位理论(Peterson et al.,2005)开展的,对物种虚拟生态位的模拟,后续研究中可加大深度和力度,对模型中的物种生态位进行深入描述和量化计算,比如 Niche Analyst 软件,正是由 BAM 生态位理论的提出者团队开发的一个用于评价和解释生态位的工具,在本研究的基础上,可以应用更多的物种分布模型(SDMs),对本区域植被分布和变化的机制进行更加深入的探索。

(4)从地理位置来看,太行山区从纬度尺度上连接着寒温带和亚热带地,这一狭长的生态廊道,成为我国南北生物区系联系的纽带和桥梁。本研究侧重于太行山区的垂直梯度物种的空间变化,对纬度梯度上的植物区系和植被景观等尺度的分布,均需要进一步持续关注。研究表明,生态交错带往往孕育更加丰富的生物多样性(牟长城 等,1998),作为经度上跨越高原与平原、纬度上链接温带与亚热带的生态廊道,太行山区的地理位置和生态地位不言而喻。因此,对纬度梯度的植被分布和变化加大关注力度,也将是未来的一个重要方向。

参考文献

白永飞,张丽霞,张焱,等,2002. 内蒙古锡林河流域草原群落植物功能群组成沿水热梯度变化的样带研究[J]. 植物生态学报,3:308-316.

蔡虹,刘金铜,2002. 太行山区山野菜植物资源与开发利用探讨[J]. 中国生态农业学报,1:90-92.

曹杨,2006. 太行山南段峡谷区小叶鹅耳枥群落生态关系研究[D]. 太原:山西大学.

查轩,唐克丽,2000. 水蚀风蚀交错带小流域生态环境综合治理模式研究[J]. 自然资源学报,15(1):97-100.

程乾,黄敬峰,王人湖,2005. MODIS 和 NOAA/AVHRR 植被指数差异初步研究[J]. 科技通报,21(2):205-209.

丛沛桐,赵则海,张文辉,等,2000. 东灵山辽东栎群落演替的连续时间马尔可夫过程研究[J]. 木本植物研究,20(4):438-443.

范晓,2015. 太行山之路[M]. 北京:中国林业出版社.

范瑛,李小雁,李广冰,2014. 基于 MODIS/EVI 的内蒙古高原西部植被变化[J]. 中国沙漠,34(6):1671-1677.

方精云,沈泽昊,唐志尧,等,2004a. "中国山地植物物种多样性调查计划"及若干技术规范[J]. 生物多样性,12(1):5-9.

方精云,沈泽昊,崔海亭,2004b. 试论山地的生态特征及山地生态学的研究内容[J]. 生物多样性,12(1):10-19.

方精云,2009. 群落生态学迎来新的辉煌时代[J]. 生物多样性,17(6):531-532.

冯益明,刘洪霞,2010. 基于 Maxent 与 GIS 的锈色棕榈象在中国潜在的适生性分析[J]. 华中农业大学学报,5:552-556.

冯云,马克明,张育新,等,2009. 北京东灵山地区辽东栎种群生活史特征与空间分布[J]. 生态学杂志,28(8):1443-1448.

付奔,金晨曦,2012. 三种干旱指数在 2009—2010 年云南特大干旱中的应用比较研究[J]. 人民珠江(2):4-6.

傅伯杰,王仰林,1991. 国际景观生态学研究的发展动态与趋势[J]. 地球科学进展,6(3):56-61.

高会,2018. 太行山区垂直梯度生态系统服务功能格局与调控机制研究[D]. 北京:中国科学院大学.

高会,刘金铜,朱建佳,等,2018. 基于可持续发展的太行山系统服务垂直分类管理[J]. 自然杂志,40(1):47-54.

高俊峰,2007. 北京东灵山地区人类活动对植物多样性分布的影响研究[D]. 北京:北京林业大学.

郭建鑫,李金升,唐士明,等,2018. 黄土高原与内蒙古高原草原种子植物区系比较研究[J]. 草业学报,26(2):298-305.

郭杰,刘小平,张琴,等,2017. 基于 Maxent 模型的党参全球潜在分布区预测[J]. 应用生态学报,28(3):992-1000.

郝占庆,于德永,吴钢,等,2001. 长白山北坡植物群落 β 多样性分析[J]. 生态学报,21(12):2018-2022.

赫英明,刘向培,王汉杰,2017. 基于 EVI 的中国最近 10a 植被覆盖变化特征分析[J]. 气象科学,37(1):51-59.

侯继华,马克平,2002. 植物群落物种共存机制的研究进展[J]. 植物生态学报,26:1-8.

侯庸,王桂青,张良,2000. 阜平驼梁山区灌丛植被的研究[J]. 河北林果研究,4:318-324.

黄建辉,1994. 物种多样性的空间格局及其形成机制初探[J]. 生物多样性,2(2):103-107.

黄锡畴,1962. 欧亚大陆温带山地垂直自然带结构类型[C]//1960 年全国地理学术会议论文集. 北京:科学出版社.

姜建福,樊秀彩,张颖,等,2014. 中国三种濒危葡萄属(Vitis L.)植物的地理分布模拟[J]. 生态学杂志,33(6):1615-1622.

姜小雷,张卫国,严林,等,2004. 植物群落物种多样性对生态系统生产力的影响[J]. 草业学报,6:8-13.

蒋红军,2015. 中国广义真藓科植物分布及物种丰富度格局研究[D]. 石家庄:河北师范大学.

拉琼,扎西次仁,朱卫东,等,2014. 雅鲁藏布江河岸植物物种丰富度分布格局及其环境解释[J]. 生物多样性,3:337-347.

李国庆,2008. 黄土高原马兰林区植物群落生态梯度分析[D]. 西安:陕西师范大学.

李红军,郑力,雷玉平,等,2007. 基于 EOS/MODIS 数据的 NDVI 与 EVI 比较研究[J]. 地理科学进展,26(1):26-32.

李军玲,张金屯,2010. 太行山中段植物群落草本植物优势种种间联结性分析[J]. 草业科学,27(9):119-123.

李俊生,靳勇超,王伟,等,2016. 中国陆域生物多样性保护优先区域[M]. 北京:科学出版社,2016.

李良厚,2007. 太行山南段石灰岩低山区植被构建主要技术研究[D]. 北京:北京林业大学.

李薇,谈明洪,2017. 太行山区不同坡度 NDVI 变化趋势差异分析[J]. 中国生态农业学报,25(4):509-519.

李晓荣,高会,韩立朴,等,2017. 太行山区植被 NPP 时空变化特征及其驱动力分析[J]. 中国生态农业学报,25(4):498-508.

刘海丰,2013. 地形生态位和扩散过程对暖温带森林群落构建重要性研究[D]. 北京:中央民族大学.

刘华训,1981. 我国山地植被的垂直分布规律[J]. 地理学报,36(3):267-279.

刘濂,1984. 太行山区的植被资源及其利用方向[J]. 地理科学,4(3):277-284.

刘世梁,马克明,傅伯杰,等,2003. 北京东灵山地区地形土壤因子与植物群落关系研究[J]. 植物生态学报,27(4):496-502.

刘晔,朱鑫鑫,沈泽昊,等,2016. 中国西南干旱河谷植被的区系地理成分与空间分异[J]. 生物多样性,24(4):367-377.

刘增力,郑成洋,方精云,2004. 河北小五台山北坡植物物种多样性的垂直梯度变化[J]. 生物多样性,12(1):137-145.

柳晓燕,李俊生,赵彩云,等,2016. 基于 MAXENT 模型和 ArcGIS 预测豚草在中国的潜在适生区[J]. 植物保护学报,43(6):1041-1048.

马克平,黄建辉,于顺利,等,1995. 北京东灵山地区植物群落多样性的研究Ⅱ丰富度、均匀度和物种多样性指数[J]. 生态学报,15(3):268-277.

马克平,徐学红,2020. 中国森林生物多样性监测网络有力支撑生物群落维持机制研究[J]. 中国科学:生命科学,4:359-361.

马克平,叶万辉,于顺利,等,1997. 北京东灵山地区植物群落多样性研究Ⅷ. 群落组成随海拔梯度的变化[J]. 生态学报,17(6):593-600.

马文静,张庆,牛建明,等,2013. 物种多样性和功能多样性与生态系统生产力的关系——以内蒙古短花针茅草原为例[J]. 植物生态学报,37(7):620-630.

毛德华,王宗明,罗玲,等,2012. 基于 MODIS 和 AVHRR 数据源的东北地区植被 NDVI 变化及其与气温和降水之间的相关分析[J]. 遥感技术与应用,27(1):77-85.

缪应庭,1984. 略论发展人工种草改善太行山区植被[J]. 河北农业大学学报,1:39-47.

牟长城,罗菊春,王襄平,等,1998. 长白山林区森林/沼泽交错群落的植物多样性[J]. 生物多样性,06(2):132-137.

穆振侠,姜卉芳,刘丰,2010. 2001—2008 年天山西部山区鸡血覆盖及 NDVI 的时空变化特性[J]. 冰川冻土,5:875-882.

聂二保,王煜倩,张金屯,2009. 太行山南段峡谷区小叶鹅耳枥群落数量分析[J]. 中国农业大学学报,14(2):32-38.

牛克昌,刘怿宁,沈泽昊,等,2009. 群落构建的中性理论和生态位理论[J]. 生物多样性,17(6):579-593.

牛莉芹,上官铁梁,程占红,2005. 中条山中段植物群落优势种群的种间关系研究[J]. 西北植物学报,12:2465-2471.

邱波,任青吉,罗燕江,等,2004. 高寒草甸不同生境类型植物群落的 α 及 β 多样性研究[J]. 西北植物学报,24(4):655-661.

沈欣悦,2016. 基于 EVI 的墨江县近十年森林植被覆盖变化及其对气候因子的响应[D]. 北京:北京林业大学.

沈泽昊,张新时,2000. 三峡大老岭地区森林植被的空间格局分析及其地形解释[J]. 植物学报,42(10):1089-1095.

史敏华,王棣,1996. 太行山石灰岩山区重建植被和资源开发利用途径探讨[J]. 北京林业大学学报,S3:108-112.

苏智娇,张峰,2016. 山西辽东栎群落优势种群生态位研究[J]. 山西大学学报(自然科学版),39(3):505-511.

孙鸿烈,2005. 中国生态系统[M]. 北京:科学出版社.

孙吉定,郝铁山,张金香,1996. 太行山低山灌草丛物种多样性分析[J]. 河北林业科技,1:1-5.

孙建,程根伟,2014. 山地垂直带谱研究评述[J]. 生态环境学报,23(9):1544-1550.

孙然好,陈利顶,张百平,等,2009. 山地景观垂直分异研究进展[J]. 应用生态学报,20(7):1617-1624.

唐志尧,方精云,2004a. 植物物种多样性的垂直分布格局[J]. 生物多样性,12(1):20-28.

唐志尧,柯金虎,2004b. 秦岭牛背梁植物物种多样性垂直分布格局[J]. 生物多样性,12(1):108-114.

唐志尧,刘鸿雁,2019. 华北地区植物群落的分布格局及构建机制[J]. 植物生态学报,43,729-731.

田玉梅,1988. 太行山龙泉关地区植被类型的研究[J]. 河北大学学报(自然科学版),2:42-48.

王长庭,龙瑞军,王启基,等,2005. 高寒草甸不同海拔梯度土壤有机质氮磷的分布和生产力变化及其与环境因子的关系[J]. 草业学报,4:15-20.

王成,彭镇华,孟平,等,2001. 河北太行山区河谷土地空间分异规律研究[J]. 生态学报,21(8):1329-1338.

王根绪,刘国华,沈泽昊,等,2017. 山地景观生态学研究进展[J]. 生态学报,37(12):3967-3981.

王虎威,张福平,燕玉超,等,2016. 山西省不同生态分区增强型植被指数(EVI)对气候因子的响应[J]. 干旱地区农业研究,34(6):266-273.

王进,冯佳伟,牛帅,等,2016. 太行山区物种生态位特征以及种间相关性对比分析[J]. 河南农业大学学报,50(2):181-188.

王敏,周才平,2011. 山地植物群落数量分类和排序研究进展[J]. 南京林业大学学报(自然科学版),35(4):126-130.

王强,张廷斌,易桂花,等,2017. 横断山区2004—2014年植被NPP时空变化及其驱动因子[J]. 生态学报,9:3081-3095.

王世雄,2013. 黄土高原子午岭植物群落物种多样性的时空格局与过程[D]. 太原:山西师范大学.

王世雄,王孝安,李国庆,等,2010. 山西子午岭植物群落演替过程中物种多样性变化与环境解释[J]. 生态学报,30(6):1638-1647.

王兴,楚恒,刘红彬,等,2015. 基于NDVI和EVI联合使用的遥感图像植被提取方法[J]. 广东通信技术,12:65-70.

王野影,唐明,李菲,等,2018. 中国植物谱系地理学研究进展[J]. 分子植物育种,16(23):7899-7906.

王运生,谢丙炎,万方浩,等,2007. ROC曲线分析在评价入侵物种分布模型中的应用[J]. 生物多样性,15(4):365-372.

王占军,蒋齐,潘占兵,等,2005. 宁夏毛乌素沙地退化草原恢复演替过程中物种多样性与生产力的变化[J]. 草业科学,4:5-8.

王正兴,刘闯,Alfredo H,2003. 植被指数研究进展:从AVHRR-NDVI到MODIS-EVI[J]. 生态学报,23(5):979-987.

尉伯瀚,张峰,2011. 太行山南端野皂荚群落数量分析[J]. 山西大学学报(自然科学版),34(2):332-336.

吴忱,2004. 对华北山地低山麓面形成时代之新认识[J]. 地理与地理信息科学,20(2):105-108.

吴征镒,1980. 中国植被[M]. 北京:科学出版社.

席跃翔,2004. 太行山中段植物群落的生态关系研究[D]. 太原:山西大学.

闫东锋,2012. 太行山低山丘陵区不同植被恢复措施下植被与土壤协同演替机制[D]. 郑州:河南农业大学.

杨利民,周广胜,李建东,2002. 松嫩平原草地群落物种多样性与生产力关系的研究[J]. 植物生态学报,5:589-593.

杨永辉,渡边正孝,王智平,等,2004. 气候变化对太行山土壤水分及植被的影响[J]. 地理学报,59(1):56-63.

姚永慧,张百平,韩芳,等,2010. 横段山区垂直带谱的分布模式与坡向效应[J]. 山地学报,28:11-20.

约恩森,2017. 生态系统生态学[M]. 曹建军,赵斌,张剑,等译. 北京:科学出版社.

张百平,周成虎,陈述彭,2003. 中国山地垂直带信息图谱的探讨[J]. 地理学报,58(2):163-171.

张峰,张金屯,2000. 我国植被数量分类和排序研究进展[J]. 山西大学学报(自然科学版),23(3):
    278-282.

张峰,张金屯,张峰,2003. 历山自然保护区猪尾沟森林群落植被格局及环境解释[J]. 生态学报,
    3:421-427.

张高生,2008. 基于 RS、GIS 技术的现代黄河三角洲植物群落演替数量分析及近 30 年植被动态研
    究[D]. 济南:山东大学.

张光明,谢寿昌,1997. 生态位概念演变与展望[J]. 生态学杂志,16(6):46-51.

张金屯,1989. 山西芦芽山植被垂直带的划分[J]. 地理科学,9(4):346-353.

张金屯,邱扬,郑凤英,2000. 景观格局的数量研究方法[J]. 山地学报,18(4):346-352.

张璐,苏志尧,陈北光,2005. 山地森林群落物种多样性垂直格局研究进展[J]. 山地学报,23(6):
    736-743.

张霞,张兵,卫征,等,2005. MODIS 光谱指数监测小麦长势变化研究[J]. 中国图象图形学报(4):
    420-424.

张新时,1991. 西藏阿里植物群落的间接梯度分析、数量分类与环境解释[J]. 植物生态学与地植
    物学学报,15(2):101-113.

张新时,1993. 研究全球变化的植被——气候分类系统[J]. 第四季研究(2):157-169.

张义科,1993. 太行山草地植物生物量的研究[J]. 河北大学学报(自然科学版),1:48-52.

张殷波,孟庆欣,秦浩,等,2019. 太行山山地森林群落植物区系与地理格局——基于植物群落清查
    数据[J]. 应用生态学报,30(10):3395-3402.

朱珣之,张金屯,2005. 中国山地植物多样性的垂直变化格局[J]. 西北植物学报,25(7):
    1480-1486.

朱源,康慕谊,江源,等,2008. 贺兰山木本植物群落物种多样性的海拔格局[J]. 植物生态学报,32
    (3):574-581.

祝燕,米湘成,马克平,2009. 植物群落物种共存机制:负密度制约假说[J]. 生物多样性,17(6):
    594-604.

ALONSO D,ETIENNE R S,MCKANE A J,2006. The merits of neutral theory[J]. Trends in Ecology
    and Evolution,21:451-457.

ARAUJO M B,GUISAN A,2006. Five(or so)challenges for species distribution modelling[J]. Journal of
    Biogeography,33(10):1677-1688.

ARVOR D,DUBREUIL V,RONCHAIL J,et al,2014. Spatial patterns of rainfall regimes related to
    levels of double cropping agriculture systems in Mato Grosso (Brazil) [J]. International Journal of Cli-
    matology,34(8),2622-2633.

AUSTIN M,2007. Species distribution models and ecological theory:A critical assessment and more
    possible new approaches[J]. Ecological modelling,200(1-2):1-19.

BASELGA A,2010. Partitioning the turnover and nestedness components of beta diversity[J].
    Global Ecology and Biogeography,19:134-143.

BEGON M, HARPER L, TOWNSEND C R, 1987. Ecology: Individuals, Populations and Communities[M]. Oxford: Blackwell Scientific Publications.

DAUBENMIRE R F, 1943. Vegetation zonation in the Rocky Mountains[J]. The Botanical Review, 9(6): 325-393.

DAVID R B, STOCKWELL A, 2002. Effects of sample size on accuracy of species distribution models[J]. Ecological Modelling, 148: 1-13.

DENGLER J, 2009. Which function describes the species-area relationship best? A review and empirical evaluation[J]. Journal of Biogeography, 36: 728-744.

DRUCKENBROD D L, SHUGART H H, DAVIES I, 2005. Spatial pattern and process in forest stands within the Virginia piedmont[J]. Journal of Vegetation Science, 16(1): 37-48.

ELITH J, KEARNEY M, PHILLIPS S, 2010. The art of modelling range-shifting species[J]. Methods of Ecology and Evolution, 1(4): 330-342.

ELITH J, LEATHWICK J R, 2009. Species distribution models: ecological explanation and prediction across space and time[J]. Annual Review of Ecology, Evolution, and Systematics, 40(1): 677-697.

ENGLER J O, RODDER D, ELLE O, et al, 2013. Species distribution models contribute to determine the effect of climate and interspecific interactions in moving hybrid zones[J]. Journal of Evolutionary Biology, 26(11): 2487-2496.

ERIKSSON O, AUSTRHEIM G, 2001. Plant species diversity and grazing in the Scandinavian mountains-patterns and processes at different spatial scales[J]. Ecography, 24: 683-695.

ESCOBAR L E, CRAFT M E, 2016. Advances and limitations of disease biogeography using ecological Niche Modeling[J]. Frontiers in Microbiology, 7: 1174.

FAJARDO M P, MCBRATNEY A B, MINASNY B, 2017. Measuring functional pedodiversity using spectroscopic information[J]. Catena, 152: 103-114.

FICK S E, HIJMANS R J, 2017. WorldClim 2: new 1 km spatial resolution climate surfaces for global land areas[J]. International Journal of Climatology, 37(12): 4302-4315.

FU T G, HAN L P, GAO H, et al, 2018. Pedodiversity and its controlling factors in mountain regions-A case study of Taihang Mountain, China[J]. Geoderma, 310: 230-237.

GALVÃO L S, dos Santos J R, Roberts D A, et al, 2011. On intra-annual EVI variability in the dry season of tropical forest: A case study with MODIS and hyperspectral data[J]. Remote Sensing of Environment, 115(9): 2350-2359.

GAO H, FU T, LIU J, et al, 2018. Ecosystem services management based on differentiation and regionalization along vertical gradient in Taihang Mountain, China[J]. Sustainability, 10(4): 986.

GASTON K J, 2005. Global patterns in biodiversity[J]. Nature, 405: 220-227.

GUISAN A, THUILLER W, 2005. Predicting species distribution: offering more than simple habitat models[J]. Ecology Letters, 8: 993-1009.

HEMP A, 2006. Continuum or zonation? Altitudinal gradients in the forest vegetation of Mt. Kilimajaro[J]. Plant Ecology, 184: 27-42.

HOLT RD, 2009. Bringing the Hutchinsonian niche into the 21st century: Ecological and evolutionary perspectives[J]. PNAS,106(Supplement 2):19659-19665.

HUBBELL S P,AHUMADA J A,CONDIT R,et al,2001. Local neighborhood effects on long-term survival of individual trees in a neotropical forest[J]. Ecological Research,16:859-875.

HUBER U M,BUGMANN H K M,REASONER M A,2005. Global change and mountain region: an overview of current knowledge[M]. Netherlands:Springer.

IBáñEZ JJ,FEOLI E,2013. Global relationships of pedodiversity and biodiversity[J]. Vadose Zone Journal,12(3):1-5.

KHAN S M,2017. Species Diversity and Phyto-Climatic gradient of a Montane Ecosystem in the Karakorum Range[J]. Pak J Bot,49(SI):89-98.

KOOCH Y,HOSSEINI S M,SCHARENBROCH B C,et al,2015. Pedodiversity in the Caspian forests of Iran[J]. Geoderma,5:4-14.

KöRNER C,2000. Why are there global gradients in species richness? mountains might hold the answer[J]. Trends in Ecology & Evolution,15(12):513-514.

LEATHWICK J R,1998. Are New Zealand's *Nothofagus* species in equilibrium with their environment? [J]. Journal of Vegetation Science,9(5):719-732.

LEIBOLD M A,MCPEEK M A,2006. Coexistence of the niche and neutral perspectives in community ecology[J]. Ecology,87(6):1399-1410.

LENOIR J,GEÂGOUT J C,MARQUET P A,et al,2008. A significant upward shift in plant species optimum elevation during the 20th century[J]. Science,320:1768-1771.

LEPX J,SMILAUER P,2003. Multivariate analysis of ecological data using Canoco[M]. UK:Cambridge University Press.

LEVINE JM,HILLERISLAMBERS J,2009. The importance of niches for the maintenance of species diversity[J]. Nature,461:254-257.

LIEBERMAN D,LIEBERMAN M,PERALTA R,et al,1996. Tropical forest structure and composition on a large-scale altitudinal gradient in Costa Rica[J]. Journal of Ecology,84:137-152.

MAGURRAN A E,1988. Ecological diversity and its measurement[M]. New Jersey:Princeton University Press.

MARGALEF R,1972. Homage to Evelyn Hutchinson,or why there is an upper limit to diversity [J]. Transactions of the Connecticut Academy of Arts and Sciences,44:211-235.

MENHINICK E F,1964. A comparison of some species-individuals diversity indices applied to samples of field insects[J]. Ecology,45(4):859-886.

MEROW C,SMITH M J,SILANDER J A,2013. A practical guide to Maxent for modeling species' distributionswhat it does,and why inputs and settings matter[J]. Ecography,36(10):1058-1069.

NEWMARK W D, 2001. Tanzanian forest edge microclimatic gradients: dynamic patterns [J]. Biotropica,33:2-11.

PEARSON R G,2007. Species' distribution modeling for conservation educators and practitioners: Synthesis[M]. New York:Am Mus Natl Hist.

PETERSON A T,MARTINEZ-CAMPOS C,NAKAZAWA Y,et al,2005. Time-specific ecological niche modeling predicts spatial dynamics of vector insects and human dengue cases[J]. Transactions of the Royal Society of Tropical Medicine and Hygiene,(99):647-655.

PETERSON A T,SOBERÓN J,PEARSON R G,et al,2011. Ecological niches and geographic distribution[M]. Princeton University Press.

PHILLIPS S J,ANDERSON R P,SCHAPIRE R E,2006. Maximum entropy modeling of species geographic distributions[J]. Ecological Modelling,190(3):231-259.

PIANKA E R,1974. Niche overlap and diffuse competition[J]. PNAS,5:2141-2145.

QIAO H J,SOBERÓN J,PETERSON A T,2015. No silver bullets in correlative ecological niche modeling:insights from testing among many potential algorithms for niche estimation[J]. Methods in Ecology and Evolution,6(10):1126-1136.

RAHMAN A F,SIMS D A,CORDOVA V D,et al,2005. Potential of MODIS EVI and surface temperature for directly estimating per-pixel ecosystem C fluxes[J]. Geophysical Research Letters,32 (19):L19404.

RASHID G,ARORA S,2012. Altitudinal diversity of dominant vegetation species in relation to soil type in Himalayan tract of Jammu[J]. Indian Forester,138(5):460-465.

SHI H,LI L,EAMUS D,et al,2017. Assessing the ability of MODIS EVI to estimate terrestrial ecosystem gross primary production of multiple land cover types[J]. Ecological Indicators,72:153-164.

SIMS D A,RAHMAN A F,CORDOVA V D,et al,2006. On the use of MODIS EVI to assess gross primary productivity of North American ecosystems[J]. Journal of Geophysical Research,111 (G4):1-16.

SJÖSTRÖM M,ARDÖJ,ARNETH A,et al,2011. Exploring the potential of MODIS EVI for modeling gross primary production across African ecosystems[J]. Remote Sensing of Environment, 115:1081-1089.

SOBERÓN J,PETERSON A T,2005. Interpretation of models of fundamental ecological niches and Species' distributional areas[J]. Biodiversity Informatics,2:1-10.

TAKAFUMI O,YUJI I,2008. Global patters of genetic variation in plant species along vertical and horizontal gradients on mountains[J]. Global Ecology Biogeography,17:152-163.

TATE G H H,1932. Life zones at Mount Roraima[J]. Ecology,3:235-257.

TENNESEN M,2014. Rare earth[J]. Science,346(6210):692-695.

THEURILLAT J P,GUISAN A,2001. Potential impact of climate change on vegetation in the European ALPS:a review[J]. Climate Change,50:77-109.

THUILLER W,ALBERT C,ARAUJO M B,et al,2008. Predicting global change impacts on plant species' distributions:Future challenges[J]. Perspectives in Plant Ecology,Evolution and Systematics,9:137-152.

TILMAN D,2004. Niche tradeoffs,neutrality,and community structure:a stochastic theory of resource competition,invasion and community assembly[C]. Proceedings of the National Academy of Sciences,101:10854-10861.

TILMAN D,FARGIONE J,WOLFF B,et al,2001. Forecasting agriculturally driven global environmental change[J]. Science,292(5515):281-284.

TOOMANIAN N, JALALIAN A, KHADEMI H, et al, 2006. Pedodiversity and pedogenesis in Zayandeh-rud Valley, Central Iran[J]. Geomorphology, 81(3-4): 376-393.

VANDERMEER J H, 1972. Niche Theory[J]. Annual review of Ecology and Systematics, 3: 107-132.

WALTER H, 1973. Vegetation of the earth in relation to climate and the eco-physiological conditions[M]. London: English University Press.

WANG L, CHEN W, 2014. A CMIP5 multimodel projection of future temperature, precipitation, and climatological drought in China[J]. International Journal of Climatology, 34(6): 2059-2078.

WATT A S, JONES E W, 1948. The ecology of the Caringorms: Part 1. The environment and the altitudinal zonation of the vegetation[J]. Journal of Ecology, 36(2): 283-304.

WHITTAKER R H, NIERING W A, 1975. Vegetation of the Santa Catalina Mountains, Arizona. V. biomass, production, and diversity along the elevation gradient[J]. Ecology, 56(4): 771-790.

WHITTAKER R H, WILLIS K J, FIELD R, 2001. Scale and species richness: towards a general, hierarchical theory of species diversity[J]. Journal of Biogeography, 28: 453-470.

YU J, MA Y H, GUO S L, 2013. Modeling the geographic distribution of the epiphytic moss Macromitrium japonicum in China[J]. Annales Botanici Fennici, 50: 35-42.

附表 A　Maxent 模型所用的
环境因子及含义

代码	Description	描述	单位
bio1	Annual Mean Temperature	年平均温度	℃
bio2	Mean Diurnal Range	平均日较差	℃
bio3	Isothermality(BIO2/BIO7)(×100)	等温性	—
bio4	Temperature Seasonality (Standard Deviation ＊100)	温度季节性变动系数	—
bio5	Max Temperature of Warmest Month	最热月的最高温度	℃
bio6	Min Temperature of Coldest Month	最冷月的最低温度	℃
bio7	Temperature Annual Range(BIO5-BIO6)	温度年较差	℃
bio8	Mean Temperature of Wettest Quarter	最湿季平均温度	℃
bio9	Mean Temperature of Driest Quarter	最干季平均温度	℃
bio10	Mean Temperature of Warmest Quarter	最热季平均温度	℃
bio11	Mean Temperature of Coldest Quarter	最冷季平均温度	℃
bio12	Annual Precipitation	年降水量	mm
bio13	Precipitation of Wettest Month	最湿月降水量	mm
bio14	Precipitation of Driest Month	最干月降水量	mm
bio15	Precipitation Seasonality	降水量季节性变化	—
bio16	Precipitation of Wettest Quarter	最湿季降水量	mm
bio17	Precipitation of Driest Quarter	最干季降水量	mm
bio18	Precipitation of Warmest Quarter	最热季降水量	mm
bio19	Precipitation of Coldest Quarter	最冷季降水量	mm
ALT	Altitude	海拔高度	m
ASPECT	Aspect	坡向	°
SLOPE	Slope	坡度	°
LC	Land cover	土地利用覆盖类型	—
VE	Vegetation Coverage	植被覆盖率	%
S_BS	Subsoil Base Saturation	底层土壤基础饱和度	%
S_BULK_DENSITY	Subsoil Bulk Density	底层土壤容积密度	kg/dm³
S_CACO3	Subsoil Calcium Carbonate	底层土壤中碳酸钙含量	%
S_CASO4	Subsoil Gypsum	底层土壤中硫酸钙含量	%

代码	Description	描述	单位
S_CEC_CLAY	Subsoil CEC(clay)	底层土壤中黏粒组的阳离子交换能力	cmol/kg
S_CEC_SOIL	Subsoil CEC(soil)	底层土壤的阳离子交换能力	cmol/kg
S_CLAY	Subsoil Clay Fraction	底层土壤中的黏土比例	%
S_ECE	Subsoil Salinity(ECe)	底层土壤盐分	dS/m
S_ESP	Subsoil Sodicity(ESP)	底层土壤碱度	%
S_GRAVEL	Subsoil Gravel Content	底层土壤砾石含量	%
S_OC	Subsoil Organic Carbon	底层土壤有机碳比例	%
S_PH_H₂O	Subsoil pH(H$_2$O)	底层土壤 pH 值	$-\log(H^+)$
S_REF_BULK_DENSITY	Subsoil Reference Bulk Density	底层土壤参考体积密度	kg/dm³
S_SAND	Subsoil Sand Fraction	底层土壤沙子比例	%
S_SILT	Subsoil Silt Fraction	底层土壤泥沙比例	%
S_TEB	Subsoil TEB	底层土壤阳离子交换总量	cmol/kg
S_USDA_TEX_CLASS	Subsoil USDA Texture Classification	底层土壤农业部纹理分类	—
T_BS	Topsoil Base Saturation	表层土壤基础饱和度	%
T_BULK_DENSITY	Topsoil Bulk Density	表层土壤容积密度	kg/dm³
T_CACO₃	Topsoil Calcium Carbonate	表层土壤中碳酸钙含量	%
T_CASO₄	Topsoil Gypsum	表层土壤中硫酸钙含量	%
T_CEC_CLAY	Topsoil CEC(Clay)	表层土壤中黏粒组的阳离子交换能力	cmol/kg
T_CEC_SOIL	Topsoil CEC(Soil)	表层土壤的阳离子交换能力	cmol/kg
T_CLAY	Topsoil Clay Fraction	表层土壤中的黏土比例	%
T_ECE	Topsoil Salinity(Elco)	表层土壤盐分	dS/m
T_ESP	Topsoil Sodicity(ESP)	表层土壤碱度	%
T_GRAVEL	Topsoil Gravel Content	表层土壤砾石含量	%
T_OC	Topsoil Organic Carbon	表层土壤有机碳比例	%
T_PH_H₂O	Topsoil pH(H$_2$O)	表层土壤 pH	$-\log(H^+)$
T_REF_BULK_DENSITY	Topsoil Reference Bulk Density	表层土壤参考体积密度	kg/dm³
T_SAND	Topsoil Sand Fraction	表层土壤沙子比例	%
T_SILT	Topsoil Silt Fraction	表层土壤泥沙比例	%
T_TEB	Topsoil TEB	表层土壤阳离子交换总量	cmol/kg
T_TEXTURE	Topsoil Texture	表层土壤质地	—
T_USDA_TEX_CLASS	Topsoil USDA Texture Classification	表层土壤农业部纹理分类	—

附录 B   草本植物 TWINSPAN 群落分类结果代码对照表

代码	物种	代码	物种	代码	物种	代码	物种
1	糙苏	27	球序韭	53	铃兰	79	堇菜
2	地榆	28	水杨梅	54	楼斗菜	80	苦参
3	东方草莓	29	小红菊	55	瓣蕊唐松草	81	毛秆野古草
4	黄精	30	野菊	56	舞鹤草	82	野豌豆
5	金莲花	31	野荞麦	57	白茅	83	早熟禾
6	狼毒	32	银莲花	58	臭草	84	鹿药
7	藜芦	33	知风草	59	防风	85	天门冬
8	马先蒿	34	艾蒿	60	灰绿藜	86	大油芒
9	毛茛	35	白莲蒿	61	马兰	87	马唐
10	铁线莲	36	白羊草	62	芹叶铁线莲	88	一把伞天南星
11	细叶薹草	37	狗尾草	63	疏毛女娄菜	89	抱茎苦荬菜
12	野罂粟	38	黄芩	64	长蕊石头花	90	鬼针草
13	珠芽蓼	39	戟叶蓼	65	柱果铁线莲	91	尼泊尔蓼
14	苍术	40	青蒿	66	狼尾花	92	日本续断
15	柴胡	41	沙参	67	木香薷	93	三籽两型豆
16	翠雀	42	石生蝇子草	68	老鹳草	94	菟丝子
17	大黄	43	松蒿	69	香茶菜	95	腺梗稀莶
18	大籽蒿	44	委陵菜	70	穿山薯蓣	96	阿拉伯黄背草
19	花锚	45	香青兰	71	乌头	97	白头翁
20	华北蓝盆花	46	野青茅	72	狭苞橐吾	98	瓦松
21	荩草	47	一年蓬	73	玉竹	99	细叶穗花
22	景天三七	48	中华苦草	74	歪头菜	100	狭叶珍珠菜
23	狼尾草	49	紫菀	75	草木樨	101	拂子茅
24	牡蒿	50	阿尔泰狗娃花	76	车前	102	蒙古蒿
25	泥胡菜	51	风毛菊	77	达乌里秦艽	103	蝙蝠葛
26	祁州漏卢	52	蕨	78	大花益母草	104	葎草

代码	物种	代码	物种	代码	物种	代码	物种
105	竹叶子	120	狼毒	135	节节草	150	白蔹
106	宽叶薹草	121	藜芦	136	蒲公英	151	白屈菜
107	石竹	122	手参	137	旋覆花	152	半夏
108	猪毛菜	123	地梢瓜	138	绥草	153	飞廉
109	黄花蒿	124	中华卷柏	139	鸭跖草	154	龙牙草
110	牛耳蒿	125	乳浆大戟	140	野慈姑	155	萝藦
111	蛇床	126	鸦葱	141	泽泻	156	蝎子草
112	小赤麻	127	筋骨草	142	沼兰	157	野大豆
113	草问荆	128	火绒草	143	白花碎米芥	158	地皮菜
114	白芷	129	蓝花棘豆	144	丹参	159	旋蒴苣苔
115	林荫千里光	130	披碱草	145	紫花地丁	160	芦苇
116	胭脂花	131	岩青兰	146	地黄	161	牻牛儿苗
117	高山紫菀	132	蓟	147	翻白草	162	酸模叶蓼
118	红升麻	133	薄荷	148	圆叶牵牛	163	香蒲
119	拉拉藤	134	苍耳	149	红蓼	164	茵陈蒿